일러두기

이 책은 「2022 국가온실가스 인벤토리보고서」, 「대한민국 2050 탄소중립 전략 (2020)」, 「2050 탄소중립 시나리오(2021)」, 「IPCC 제6차 평가보고서」 등을 종합하여 작성되었습니다. 독자들이 탄소중립의 개념과 관련 데이터를 쉽게 이해할 수 있도록 구성하였으며, 필요에 따라 이후의 최신 자료를 참고하여 내용을 보완하였습니다.

초판 1쇄 인쇄	2025년 3월 14일
초판 1쇄 발행	2025년 3월 25일

지은이	안정윤·정우진·장순웅
펴낸곳	㈜엠아이디미디어
펴낸이	최종현
기 획	김동출
편 집	최종현
마케팅	유정훈
경영지원	윤석우
디자인	박명원, 한미나

주소	서울특별시 마포구 신촌로 162, 1202호		
전화	(02) 704-3448	**팩스**	(02) 6351-3448
이메일	mid@bookmid.com	**홈페이지**	www.bookmid.com

등록	제2011-000250호
ISBN	979-11-93828-16-8 (43530)

학생들에게 어떤 미래를 준비하게 해야 할까요? 기후위기와 탄소중립은 이제 우리 모두의 삶과 교육, 그리고 대학의 역할까지 바꾸고 있습니다. 『2050 지구사용설명서』는 우리가 마주한 현실을 솔직하게 보여주고, 앞으로 나아갈 길을 함께 고민하게 합니다. 미래 세대를 책임질 인재를 길러야 하는 우리에게, 그리고 더 나은 세상을 만들고 싶은 모든 분께 이 책을 추천합니다.

경기대학교 총장 | 이윤규

화학 교사이자, 이 지구라는 별에 정착한 생명체로서 최근 발생하는 기후 이상의 변화를 실감하며 어떻게 사회적으로, 교육적으로 접근을 해야 할 지가 가장 큰 마음의 숙제였습니다.

이 책을 읽으며, 가장 좋았던 점은 최근의 이슈와 데이터에 기반한 분석이었습니다. 막연히 '환경을 지키자', '최근의 기후 이상 변화를 봐라'는 제안이 아닌 객관적인 데이터와 전 세계적으로 조사되는 문헌에 근거하여 글의 타당성을 확보하고 있다는 점이 가장 매력적이었습니다.

제가 현장에 있는 화학교사라면 이 책에서 언급되고 있는 최근 이슈의 환경 문제를 학생들과 과제 연구를 통해 지적 호기심을 채워주고 싶다는 생각도 들더군요.

그만큼 현실적인 접근으로 학생들의 호기심과 과학적 책임감을 불러 일으킬 수 있는 책이었습니다.

경기도교육청 장학사, 前 화학 교사, 前 EBSi 수능강사 | 이희나

"기후환경변화에 관심 있는 모든 독자를 위한 전문교양서적"

전지구적인 기후변화를 멈출 수 있는 가장 효율적인 방법이 탄소중립임을 원인과 해결책에 이르기까지 종합적인 시각에서 재밌으면서도 간결하게 정리하고 있어 필수적인 지식을 쉽게 터득할 기회를 제공한다. 기후변화를 올바르게 이해하고 생활 속에서 탄소중립의 실천을 통하여 현재를 살아가는 우리 모두와 다음 세대에게까지 건강하고 안전한 일상을 누릴 수 있도록 이 책이 커다란 기여를 할 것으로 확신하며, 지구의 환경을 걱정하는 모든 이들에게 필독을 권한다.

한양대학교 자원환경공학과 교수, RE100 전국대학교수협의회 회장 | 전병훈

환경 문제가 우리 사회의 화두가 된 지는 이미 오래되었고, 관련 책들은 산적해 있다. 하지만 이 주제의 양상이 급변하는 만큼, 최신 정보를 제공하고 직접적인 실천 방안을 제시하기 위해 이를 다룬 서적들은 계속해서 출판되어야 한다. 『2050 지구사용설명서』에서는 '2024년 한국의 이상기후 현상들'에 대한 자료 등으로 기후 위기의 따끈따끈한 현주소를 보여주고, '그린 리모델링' 등 탄소중립을 위한 실질적인 방안들을 누구나 실천할 수 있도록 구체적으로 제시한다. 본서를 통해 '지금 당장의' 기후 문제 실태를 직시하고, 이에 관해 우리가 나아갈 방향을 찾아 직접 행동으로 옮겨 보길 바란다.

저현고등학교 영어교사 | 최진환

환영합니다

저희 『2050 지구사용설명서』를 선택해 주셔서 감사합니다.
이 설명서는 여러분이 거주하고 있는 지구를 보다 지속가능하게 유지하고,
안전하게 사용하기 위한 가이드입니다.

° 이 설명서를 읽고, 지구의 올바른 사용법을 실천해주세요.
° 잘못된 사용법은 지구의 정상적인 기능을 저하시킬 수 있으며, 기후변화,
  생태계 파괴, 자원 고갈 등의 문제를 초래할 수 있습니다.
° 사용설명서는 필요할 때 언제든 다시 볼 수 있도록 보관하세요.

안내문

지구는 생명과 자연, 그리고 인간의 문명과 기술이 유기적으로 연결되어
균형을 이루는 거대한 생태계입니다.
그러나 산업화, 도시화, 그리고 무분별한 자원 소비로 인해 이 균형이 점점
무너지고 있습니다.
이제 우리는 기후위기의 과학적 원인을 이해하고, 다가올 변화를 준비해야 합니다.

앞으로 탄소중립 시대가 현실이 됩니다.
이미 사회 구조와 경제 체계가 변화하고 있으며, 이는 우리의 일자리, 소비 방식,
에너지 시스템, 도시 구조, 교육에도 변화를 일으키기 시작했습니다.
본 설명서는 이러한 현재의 변화와 미래의 방향을 연결하며, 지속가능한 삶을
설계할 수 있는 인사이트를 제공합니다.

° 사용설명서를 숙지하고 올바르게 활용하면, 지구를 더욱 건강하고 지속가능하게
  유지할 수 있습니다.
° 기후위기의 원인과 해결책을 이해하고, 변화하는 세상에서 우리가 할 수 있는
  역할을 찾아보세요.

⚠ 주의사항

● **온실가스 과다 배출 금지!**
지구의 기후 조절 시스템은 CO_2 농도 증가에 민감하게 반응합니다.
과도한 배출은 지구온난화, 극단적 기후 재난, 해수면 상승, 생태계 붕괴를 초래할 수 있
습니다.

● **자연 자원은 한정적!**
지구에는 재생 가능한 자원과 고갈될 자원이 함께 존재합니다.
과도한 사용과 낭비는 물 부족, 토양 황폐화, 생물 다양성 감소 등 심각한 문제를 일으킬
수 있습니다.

● **지속가능한 방식 필수!**
"나 하나쯤이야"라는 생각은 환경 시스템 오작동을 가속화합니다.
지속가능한 방식으로 사용하면 지구의 정상적인 기능을 유지할 수 있습니다.

●사용자 안내 사항●

이제 선택은 여러분의 몫입니다.
이 설명서를 따라 적절한 조치를 취하면, 지구는 다시 회복될 가능성이 있습니다.

다음 페이지를 열고, 지속가능한 미래를 위한 지구 사용법을 확인하세요!

이 설명서는 이렇게 구성되었습니다.

「2050 지구사용설명서」는 단순히 읽기만 하는 책이 아닙니다.
여러분이 직접 생각하고, 답을 찾으며, 실천할 수 있도록 구성된 안내서입니다.

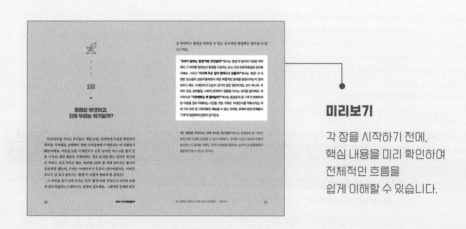

미리보기

각 장을 시작하기 전에,
핵심 내용을 미리 확인하여
전체적인 흐름을
쉽게 이해할 수 있습니다.

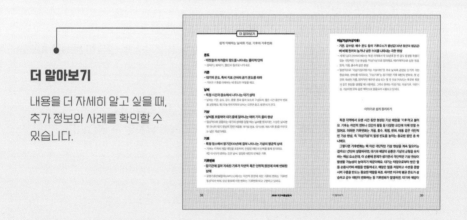

더 알아보기

내용을 더 자세히 알고 싶을 때,
추가 정보와 사례를 확인할 수
있습니다.

생각하기 & 답하기

각 장을 마친 후에는,
배운 내용을 정리하고, 현실 속
문제를 고민해볼 수 있습니다.

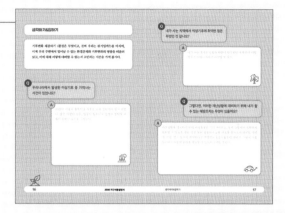

체크리스트

작은 행동부터 시작할 수 있도록,
내가 할 수 있는 실천 방법을 직접
체크해볼 수 있습니다.

퀴즈

퀴즈를 통해
배운 내용을 다시
확인할 수 있어요.

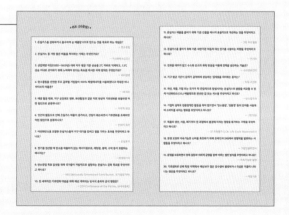

목차

추천사   4
들어가는 글   6

1장

환경은 무엇이고,
진짜 우리는 위기일까? … 체감하기

01 | 우리가 말하는 '환경'이란 무엇일까?   18
환경의 정의와 의미
환경의 개념과 이해
다양한 환경문제들

02 | 지구에 무슨 일이 일어나고 있을까?   27
위기의 서막, 기후변화
지금은 이상기후시대
우리나라의 이상기후현상

03 | 기후변화는 왜 일어날까?   41
기후변화의 정체
기후변화의 다양한 원인
기후변화의 결과들

2장

지구온난화? 이젠 지구열대화
… 원인과 해결책 찾기

01 | 지구가 정말 뜨거워지고 있을까?　　　　　　　64
　　　인류세: 인간이 만든 새로운 지질 시대
　　　지구온난화를 넘어 지구열대화

02 | 착한 온실가스? 나쁜 온실가스?　　　　　　　77
　　　착한 온실가스 : 기후 조절의 필수 요소
　　　나쁜 온실가스 : 기후위기의 주범
　　　주목해야 할 6가지 온실가스

03 | 온실가스는 어디에서 발생할까?　　　　　　　85
　　　온실가스 설명서: 온실가스 인벤토리
　　　튜토리얼 : 온실가스 인벤토리 찾아보기
　　　분석하기 : 온실가스 무엇이, 어디서, 얼마나
　　　전략짜기 : 온실가스 감축방법

3장

미래를 위한 모두의 약속, 탄소중립 ··· 실행하기

01 ┃ 언제부터 탄소중립은 시작되었을까? 110
   탄소중립의 역사적 배경
   탄소중립의 시작
   2050년까지 탄소중립을 해야 하는 이유
   COP와 우리의 미래 이야기

02 ┃ 어떻게 탄소중립을 할 수 있을까? 129
   탄소중립이란 무엇인가요
   생활 속 탄소중립
   한국의 탄소중립 선언과 목표
   탄소중립 전략

03 ┃ 무엇이 탄소중립으로 바뀔까? 142
   우리가 소비하는 에너지
   우리가 사용하는 물건
   우리가 살고 있는 건물
   우리가 타는 수송수단
   우리가 먹는 음식
   우리가 버리는 쓰레기
   바다와 숲을 통해 흡수되는 탄소
   2050년, 드디어 탄소중립

4장

요즘 뜨는 환경 키워드

01 | CCUS = CCS+CCU   180

02 | 그린수소, 블루수소, 그레이수소   186

03 | 전기차 vs 수소차   189

04 | 탄소발자국   193

05 | 그린워싱   199

06 | 그린마케팅   201

07 | LCA   204

08 | ESG   206

09 | 그린 인플루언서   211

나가는 글   213

감사의 글   214

약어설명   215

퀴즈   217

참고문헌   219

01 | 우리가 말하는 '환경'이란 무엇일까?
　　환경의 정의와 의미
　　환경의 개념과 이해
　　다양한 환경문제들

02 | 지구에 무슨 일이 일어나고 있을까?
　　위기의 서막, 기후변화
　　지금은 이상기후시대
　　우리나라의 이상기후현상

03 | 기후변화는 왜 일어날까?
　　기후변화의 정체
　　기후변화의 다양한 원인
　　기후변화의 결과들

1장

환경은 무엇이고, 진짜 우리는 위기일까?
··· 체감하기

01 | 우리가 말하는 '환경'이란 무엇일까?

02 | 지구에 무슨 일이 일어나고 있을까?

03 | 기후변화는 왜 일어날까?

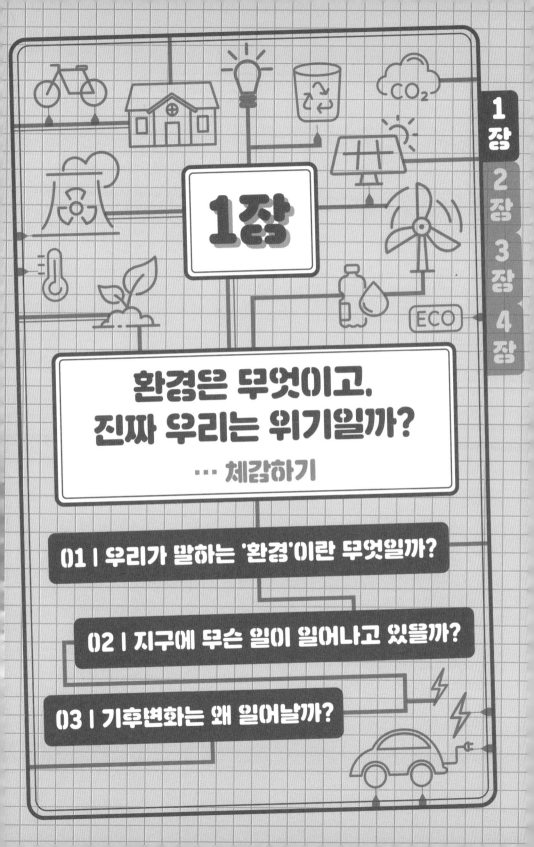

1장

-

환경은 무엇이고, 진짜 우리는 위기일까?

어린아이를 키우는 부모들은 매일 아침, 미세먼지 어플을 확인하며 하루를 시작해요. 면역력이 약한 아이들에게 미세먼지는 더 위험하기 때문이에요. 어른들 또한 미세먼지가 심한 날이면 마스크를 챙겨 집을 나서고, 외부 활동을 자제하라는 경고 문자를 받는 날이면 친구와의 약속도 뒤로 미루곤 해요. 예전엔 1년에 몇 차례 찾아오는 황사만 조심하면 됐는데, 이제는 미세먼지가 일상이 되어버렸어요. 어쩌다 우리가 숨 쉬고 살아가는 '환경'이 이렇게 변하게 된 걸까요?

그 이유를 찾기 전에 우리는 먼저 '환경'이란 무엇이고 우리와 어떻게 상호작용하는지 알아가는 과정이 필요해요. 그래야만 문제의 원인을 파악하고 환경을 회복할 수 있는 효과적인 해결책을 찾아낼 수 있으니까요.

"우리가 말하는 '환경'이란 무엇일까?"에서는 '환경'의 정의와 다양한 맥락에서 그 의미를 알아보고 환경을 구성하는 요소 간의 상호작용들을 살펴볼 거예요. 그리고 "지구에 무슨 일이 일어나고 있을까?"에서는 '환경' 내 다양한 요소들이 상호작용하면서 어떤 복합적인 문제를 발생시키는지 알아보려고 해요. 미세먼지가 단순히 공기의 질만 떨어트리는 것이 아니라, 우리의 건강, 경제활동, 사회적 관계까지 영향을 미치는 것처럼 말이에요. 마지막으로 "기후변화는 왜 일어날까?"에서는 환경문제 중 기후가 변화하게 된 이유를 깊이 이해하는 시간을 가질 거예요. 미세먼지를 악화시키는 여러 가지 요인 중 기후변화도 빼놓을 수 없는 것처럼, 현재의 환경 문제들이 '기후'와 밀접하게 관련이 있거든요.

1장 "환경은 무엇이고, 진짜 우리는 위기일까"에서는 환경문제 중 기후변화에 대한 다양한 원인을 더 깊이 이해하고, 과거와 지금의 일상이 어떻게 달라졌는지 살펴볼 거예요. 우리가 변화를 체감하는 순간이 곧 환경회복의 출발점이 될 수 있다고 믿어요.

우리가 말하는 '환경'이란 무엇일까?

환경의 정의와 의미

우리는 일상에서 '환경'이라는 단어를 자주 사용하지만, 정확한 의미를 설명하기는 쉽지 않습니다. '환경'은 다양한 의미를 포함하기 때문이에요. 환경이란 무엇일까요?

다양한 자료에서 환경을 다음과 같이 정의합니다.

환경 🔍	
1. 생물에게 직접 · 간접으로 영향을 주는 자연적 조건이나 사회적 상황. 2. 생활하는 주위의 상태.	국어사전
"환경"이란 자연환경과 생활환경을 말한다.	환경정책기본법
인간과 생물을 둘러싸고 있으며 살아가는 데 직간접적으로 영향을 미치는 모든 것들.	환경교육용어사전
우리를 둘러싼 공간과 그 공간에 존재하는 물질.	환경서적

정의가 다양하게 제시되는 이유는 '환경'이라는 단어가 매우 포괄적이면서도 다양한 측면을 설명하기 때문이에요. 환경은 자연적인 요소뿐만 아니라 인간이 만든 사회적, 경제적, 문화적 요소까지 포함하는 넓은 개념이에요. 따라서 상황이나 맥락에 따라 정의가 조금씩 달라질 수 있습니다.

이처럼 다양한 의미를 포함한 환경을 한 문장으로 정리하면 다음과 같아요.

환경 = 우리(인간과 생물)를 둘러싼 모든 자연적, 사회적 요소

이 정의를 통해서 우리는 환경을 더 넓은 개념으로 이해할 수 있을 거예요. 환경이란 단어를 떠올릴 때 단순히 '자연적 요소'만 연상하는 것이 아니라, 사회, 관계, 문화, 종교, 교육, 인프라 등 '사회적 요소'까지 포함하여 확장시킨 개념으로 받아들일 수 있어요.

그래서 우리는 그 의미를 더 명확히 표현하기 위해 '자연', '생활', '인문', '경제', '지구' 등의 단어를 앞에 붙여서 사용하기도 해요. 예를 들어, 자연환경, 생활환경, 지구환경 등이 있지요. 이러한 'OO 환경'은 특정 맥락에서 '환경'이라는 단어가 지닌 의미를 보다 명확하게 전달 해줘요.

그렇지만, 이러한 용어들이 완벽하게 구분되어 사용되는 것은 아니에요. 예를 들어 자연환경은 우리가 바로 떠올릴 수 있는 산, 강, 바다, 숲처럼 자연적 요소를 포함하며, 일상 대화에서 자주 쓰이는 말이에요. 반면, 지구환경은 지구를 구성하는 시스템을 의미하며 주로 교육 자료나 학술적 맥락에서 사용되죠. 일상적인 대화에서는 두 용어를 혼용하여 사용해도 의미 전달에 큰 문제가 없어요. 이는 환경이라는 개념이 서로 밀접하게 연결되어 있어, 대화의 흐름에 따라 유연하게 해석될 수 있기 때문이에요.

자연환경

지하·지표(해양을 포함한다) 및 지상의 모든 생물과 이들을 둘러싸고 있는 비생물적인 것을 포함한 자연의 상태(생태계 및 자연경관을 포함한다)를 말한다.
- 환경정책기본법 [시행 2025.1.1]

=> 자연적으로 존재하는 생물동물, 식물과 무생물물, 공기, 햇빛, 토양의 모든 것.

생활환경

대기, 물, 토양, 폐기물, 소음 · 진동, 악취, 일조(日照), 인공조명, 화학물질 등 사람의 일상생활과 관계되는 환경을 말한다.
- 환경정책기본법 [시행 2025.1.1]

=> 나의 일상생활과 관계되는 직접적인 주변 환경.

인문환경

자연환경에 대비되는 개념으로 인간이 자연을 토대로 만들어낸 환경으로 학교, 공장, 건물 등의 시설과 교통, 문화, 산업 등의 환경들이 여기에 속한다.
- Basic 중학생을 위한 사회 용어사전

=> 인간이 만들어낸 무형문화, 정치, 규율, 유형기술, 교통, 통신의 모든 것.

더 많은 OO 환경들…

지구환경

=> 지구시스템(기권, 지권, 수권, 생물권, 외권) 사이의 상호작용들을 포함.

경제환경

=> 개인, 기업, 국가 등 재무활동 및 의사결정에 영향을 미치는 경제적 요인들을 포함.

인간도 환경을 구성하는 일부 요소로, 끊임없이 상호작용하고 있어요. 우리의 활동이 환경에 영향을 미치고, 반대로 환경의 변화가 우리의 삶에 영향을 미치죠. 우리의 삶과 환경이 어떻게 상호작용하고 있는지 이해한다면 지금 우리 사회에 발생하는 복합적인 문제들을 더 효과적으로 해결할 수 있을 거예요.

환경의 개념과 이해

우주는 빅뱅 이후 끊임없이 변화해왔고, 지구 역시 45억 년 동안 변화를 거듭하며 복잡한 생태계를 형성해왔어요. 이러한 과정에서 인간은 자연의 일부로서 쉼없이 진화하며 환경과 밀접하게 상호작용을 해왔어요. 특히, 인간은 지구의 최상위 포식자로 자리 잡으며 고유한 삶의 방식과 문화, 사회를 형성해왔지요. 농업이 시작되면서 인류는 작물을 경작하고 가축을 사육하며 정착생활을 이루었어요. 이후, 더 많은 사람들이 모여 살면서 도시화가 시작되었고, 잉여자원의 축적과 함께 경제 활동과 기술이 발전하며 산업화로 이어졌어요. 인류사회는 이 발전 과정을 통해 보다 풍요롭고 다채로워졌지만, 지구의 많은 자원을 소모해야 했기에 종종 다른 생명체의 생태계를 무너뜨리고 지구를 훼손시키는 결과를 초래했어요. 자연의 수많은 생물종 중 하나에 불과했던 인류의 영향력은 점차 커졌고, 결국 나비효과처럼 기후변화, 대기오염, 전염병 확산, 자연재해와 같은 문제들이 다시 우리에게 돌아와 건강과 사회를 위협하고 있는 상황이 되었어요.

그렇다고 해서 인류가 더이상 지구의 자원을 사용하면 안 된다던가, 기술적 발전을 중단해야 한다는 뜻은 아니에요. 사실, 지구의 자원을 사용하지 않는다면 지금의 편리하고 풍요로운 삶을 유지할 수 없을 뿐만 아니라, 생활 기반 자체가 무너질 거예요.

 그렇다면 우리는 앞으로 이 문제를 어떻게 헤쳐 나가야 할까요? 그 해결책은 '*지속가능발전'에 있어요. 지속가능한 발전이란 "현재 세대의 필요를 충족시키면서도 미래 세대가 그들의 필요를 충족시킬 수 있는 능력을 저해하지 않는 발전"을 의미해요.[1]

 다시 말해, 우리는 지속가능한 방식으로 자원을 관리하고, 환경 친화적인 기술을 개발하여 환경을 구성하는 모든 요소들이 건강하고 안전하게 살아갈 수 있도록 노력하려는 거예요. 과거엔 우리의 발전 방식이 얼마나 환경을 파괴하고 자원을 소모할 것인지 충분히 예측하지 못한 채 발전만을 우선시했어요. 하지만 과학기술의 발전으로 더 정밀하게 예측이 가능해졌고, 환경에 대한 지식과 의식수준 또한 높아지면서 지금 세대뿐만 아닌 미래 세대까지 고려가 가능한 선택을 할 수 있게 되었어요.

 발전과 친환경, 이 두 단어를 놓고 본다면 양 끝단에 있는 대립적인 관계처럼 보일 수 있지만, '지속가능발전'의 개념 안에서는 현재의 환경을 회복하고, 더 이상의 파괴를 막는 상호 보완적인 개념이 될 수 있어요.

 결국, 인간은 자연, 사회가 서로 유기적으로 연결된 환경 속에서 존재하며, 우리는 앞으로 인간의 활동과 생태계의 조화를 이루어 '안정적이고 안전한 환경'을 만들도록 노력해야 해요.

---

* 지속가능발전(Sustainable Development)
이 용어는 1987년 세계환경개발위원회(World Commission on Environment and Development, WCED)가 발표한 보고서인 〈우리 공동의 미래(Our Common Future)〉, 일명 브룬트란트 보고서에서 공식적으로 알려졌어요.

다양한 환경문제들

평소 어떤 환경문제에 대해 걱정하고 있나요? 지구온난화, 미세플라스틱, 미세먼지, 산성비, 넘쳐나는 쓰레기 문제… 하나만 고르기는 쉽지 않을 것 같아요.

우리 사회는 더 편리한 일상을 누릴 수 있도록 발전하고 있지만, 그와 동시에 환경 문제는 점점 더 다양하고 복잡해지고 있어요. 하늘, 땅, 물, 공기, 우리를 둘러싼 모든 곳에서 말이에요. 더욱이 이러한 문제들은, 지구시스템 내에서 서로 영향을 주고받으며, 연쇄적으로 또 다른 새로운 문제를 유발하거나 기존의 문제를 더 악화시키기도 해요.

예를 들어, 가속화되는 지구온난화는 여러 경로를 통해 미세먼지 농도를 증가시킬 수 있어요. 지구온난화로 인해 비가 오지 않는 날이 많아지고 토양의 수분이 증발하면, 건조한 환경이 조성되어 산불이 더 자주 발생하고 대형화재로 이어질 수 있어요. 산불은 생태계를 파괴할 뿐만 아니라, 숲을 태우며 발생한 그을음과 재가 초미세먼지 형태로 대기 중으로 퍼지게 되지요. 또한, 지구온난화로 인해 대기 순환이 약해지면 공기가 정체되어 미세먼지를 포함한 대기오염물질이 특정 지역에 축적될 수 있어요.

이렇게 축적된 미세먼지는 심혈관이나 호흡기 질환과 같은 건강 문제를 유발할 뿐만 아니라, 토양, 수질, 가축, 수중생물 등 다양한 생태계까지도 악영향을 미쳐요. 미세먼지가 비와 함께 지표로 내려오면 강이나 호수 같은 수자원이 오염될 수 있어요. 또한, 미세먼지가 작물의 기공을 막아 광합성을 방해하면 농작물 생육이 저하되어 식량 감소로 이어질 수 있어요. 결국 대기오염은 수질오염으로 확산되고, 토양과 생물종에게까지 연쇄적으로 악영향을 미치게 된답니다.

이처럼 환경문제는 서로 연결되어 있어, 한 가지 문제가 또 다른 여러 문제를 유발할 수 있다는 것을 알 수 있어요.

지구환경은 이렇게 이루어져 있어요 : 지구시스템

❶ 기권
- 지구를 둘러싸고 있는 약 1,000km 두께의 공기층을 의미함.
- 지구의 대기는 대부분 질소(약 78%), 산소(약 21%)로 이루어져 있음.
- 기권은 높이에 따른 기온 분포를 기준으로 대류권, 성층권, 중간권, 열권으로 구분됨.

❷ 수권
- 지구에 분포하는 물로 대부분 해수로 이루어져 있으며, 육수(빙하, 지하수, 강, 호수 등)중에서는 빙하가 가장 많음.
- 해수97.2%>육수2.8%(빙하2.15%>지하수0.62%>강, 호수0.03% 등)

❸ 생물권
- 지구상에서 생명체가 존재하는 모든 영역을 의미함.
- 생물권은 기권, 지권, 수권에 걸쳐 분포하며, 다양한 권역과 밀접하게 상호 작용함.
- 현재까지의 과학적 발견에 따르면, 태양계 행성 중 생물권이 존재하는 유일한 행성은 지구임.

❹ 지권
- 지구의 지각과 지구내부(맨틀, 핵)을 포함하는 권역
- 지각에는 산소와 규소가 많이 포함되어 있으며, 지구 전체로 보면 철과 산소가 풍부함.

❺ 외권
- 지구를 둘러싸고 있는 기권 밖의 우주공간을 의미함.
- 지구는 외권과 끊임없이 에너지를 교환하지만, 운석을 제외한 물질의 이동은 거의 없음.
- 외권에서 오는 태양 에너지는 식물의 광합성에 이용되며, 대기와 해수를 순환시킴.

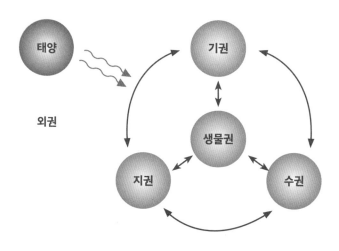

지구시스템의 상호작용

    지구 시스템의 권역들은 서로 끊임없이 상호작용하면서 물질 순환과 에너지 교환을 통해 균형을 이루어요. 이 상호작용은 기권, 수권, 생물권 등 각각의 권역 내에서 일어나기도 하고, 서로 다른 권역 사이에서도 발생하게 돼요. 따라서 어느 한 권역에 변화가 생기면 그 변화는 다른 권역의 연쇄적인 영향을 미치게 되므로, 한 권역에 문제가 생기는 것만으로도 지구 전체의 시스템이 흔들릴 수 있어요.

    따라서 우리는 지구 시스템의 균형을 유지하기 위해 각각의 권역을 소중히 여기고 보호하는 것이 중요해요. 권역 간의 상호작용을 이해하고 우리의 선택과 행동이 이 균형을 지키는 방향으로 나아가도록 노력한다면 우리는 '안정적이고 안전한 환경'을 만들 수 있을 거예요.

지구에 무슨 일이 일어나고 있을까?

위기의 서막, 기후변화

수많은 환경문제 중 전 세계의 국가들이 함께 해결해야 할 가장 시급한 환경 문제가 있어요. 그것은 바로 기후변화예요. 기후변화는 우리 주변에서 복합적인 문제를 일으키며, 심지어 생존까지 위협하고 있습니다.

기후변화는 사실 아주 오래 전부터 시작되었지만, 우리는 이를 크게 체감하지 못했어요. 사계절이 뚜렷했던 우리나라는 과거 30년(1912~1940년) 대비 최근 30년(1991~2020년)을 비교했을 때 여름은 20일 길어지고, 겨울은 22일 짧아졌어요.[2] 봄의 시작을 알리는 벚꽃은 매년 더 일찍 피어나죠. 그러나 안타깝게도 우리는 바쁜 일상 속에서 벚꽃이 일찍 피는 것쯤은 대수롭지 않게 여기고 넘기는 경우가 많았어요. 이런 자연의 변화들이 실제로는 더 큰 문제의 전조일 수 있는데도 말이죠. 그러다가 폭염, 폭우, 폭설, 한파, 태풍 같은 극단적인 날씨를 겪고 나서야 비로소 기후변화를 실감하게 돼요. 여름에는 기록적인 폭염이 지속되고, 겨울에는 예기치 못한 한파가 찾아오면 말이에요.

최근 들어 이러한 이상기후 현상이 더욱 빈번해지고 있는데요. 비단 한국뿐만 아니라 전 세계적으로도 이상기후 현상은 점점 더 자주 발생하고 있어요. 유럽에서는 기록적인 폭염으로 많은 사람이 목숨을 잃었고, 미국에서는 허리케인과 산불로 큰 피해를 입었어요. 일본에서는 강력한 태풍과 집중호우로 인해 홍수와 산사태가 빈번해졌으며, 인도에서는 극심한 가뭄과 폭우가 교차하면서 많은 사람들이 생계를 위협받고 있어요. 남아프리카공화국도 최근 몇 년간 극심한 가뭄으로 식수 부족 사태를 겪고 있다고 해요.

이처럼 기후변화로 인한 이상기후는 단순히 날씨가 변하는 것 이상으로 삶의 모든 곳에서 악영향을 미치고 있어요. 기후변화로 인하여 주거지를 잃은 기후난민이 발생하고, 농작물 생산이 크게 감소하여 식량 공급이 불안정해지며, 자연재해로 인한 인명·재산피해와 각종 질병이 발생하는 등 사회 전체에 불안이 가중되고 있어요. 그렇기에 기후변화에 대한 근본적 해결과 피해 대응은 모든 국가가 함께 해결해야 할 중요한 공동의 목표가 되었어요.

우리는 가끔 기후변화에 대해 무감각해지곤 해요. 어쩌면 지금 주변에서 발생하는 문제들이 기후변화와 관련이 있다고 인식하지 못할 수도 있어요. 앞으로도 주변의 환경 변화와 위기들에 대해 수동적으로 대처한다면 폭염과 한파, 가뭄과 홍수와 같은 이상기후가 더 자주 발생하여 우리는 지극히 평범한 미래조차 꿈꿀 수 없을 거예요. 따라서 복합위기의 시작이자 중심인 기후변화를 먼저 체감하는 것이 중요해요. 그리고 무엇보다 기후변화는 단순히 환경의 문제가 아니라, 우리의 생존과 직결된 문제로, 개인과 국가, 더 나아가 세계의 환경, 사회, 경제, 문화 모든 부분에 영향을 미치고 있다는 것을 항상 염두에 두어야 해요.

우리 앞에 닥치고 있는 이상기후, 과연 우리가 사는 지구에서는 어떤 일이 벌어지고 있는 걸까요?

기후란 '특정 지역에서 오랜 기간에 걸쳐 나타나는 날씨의 평균 상태'를 의미해요. 쉽게 말하자면, 오늘의 날씨, 내일의 날씨, 일주일간의 날씨들을 차곡차곡 모아 만들어진 고유한 기상 패턴이죠. 그래서 기후 전문가들은 "날씨는 그날의 기분, 기후는 고유한 성격"이라고도 비유한답니다. 오랜 기간에 걸쳐 만들어진 기후는 우리의 의식주, 즉 먹고 자는 것부터 입는 것까지 모든 생활양식에 큰 영향을 미쳐요. 또한 문화와 전통에도 깊이 스며들어 있죠. 사계절이 뚜렷한 우리나라에서는 계절에 따라 다양한 음식과 옷차림, 문화 행사가 발달해 왔어요. 특히, 24절기에 맞춰 농사를 짓는 전통은 기후가 우리의 삶에 얼마나 깊숙이 영향을 미쳤는지를 보여주는 좋은 예이죠. 24절기는 농사 시기를 결정하는 중요한 기준이었고, 이를 통해 농작물의 재배와 수확이 체계적으로 이루어질 수 있었어요.

지구 반대편에 있는 브라질도 살펴볼까요? 브라질의 기후는 지역마다 다양하며, 특히 아마존 지역의 경우 연중 높은 기온(약 25~30℃)과 습도를 유지하는데요. 이런 기후 조건은 다양한 종의 식물과 동물이 서식할 수 있는 좋은 환경을 만들어 생물 다양성이 풍부한 생태계를 형성할 수 있었어요. 또한 열대기후 덕분에 관광산업이 크게 발달했는데, 아름다운 해변과 열대우림은 매년 많은 관광객들을 끌어들여 세계적으로 유명한 관광지로 자리 잡았어요. 이렇듯 각 국가와 지역이 갖는 고유한 기후 특성은 역사적으로 자연환경을 형성하고 인류의 문화, 경제, 전통 등 다양한 영역에 영향을 미친답니다.

그런데 이렇게 고유했던 기후가 점차 변하고 있어요. 예전에는 일정한 주기로 계절을 맞이했지만, 이제는 그렇지 않아요. 기후가 변하면서 우리의 생활양식도 완전히 바뀌고 있어요. 브라질은 연중 높은 기온과 습도를 유지했지만, 최근 기후변화로 인해 극단적인 가뭄과 폭우가 번갈아 발생하면서 아마존 열대우림에 큰 문제를 발생시키고 있어요. 가뭄으로 인해 산불이 나기도 하고, 많은 생태계가 소실되면서 수많은 식물과 동물의 서식지가 파괴되었지요. 뿐만 아니라, 기후변화로 인해 관광산업도 큰 타격을 받고 있어요. 예상치 못한 폭우와 가뭄으로 인해 관광객이 줄어들면서 지역 경제에 큰 영향을 미쳤죠. 실제로, 한 설문조사에 따르면 응답자의 27%가 기후변화로 인해 브라질 여행을 포기한 것으로 나타났어요.[3] 이렇게 기후변화는 이제 우리의 일상과 경제에 변화를 주고 있어요.

기후변화로 인한 이상기후 현상들은 몇몇 국가만의 문제가 아니라 전 세계적으로 매년 빈번하게 발생하고 있어요. 전 세계 국가들은 '기후변화'와 '이상기후'에 대해 비상사태를 선포했죠. 갑작스러운 폭우에 도시가 잠기고, 기록적인 고온과 극심한 가뭄으로 대규모 산불이 발생하고 하늘에서는 커다란 우박이 쏟아지는 등 예상치 못한 기후변화에 직면하고 있어요.

유럽은 최근 몇 년간 기록적인 폭염을 경험하고 있는데, 2022년 유럽 전역에서 61,000명이 사망한 것으로 집계될 정도로 상황이 심각했어요.[4] 유럽에서도 대체로 서늘한 편이었던 영국마저도 40°C를 넘은 폭염이 왔으니 말이에요.[5] 폭염으로 선풍기와 에어컨 사용이 늘어 전력 사용량이 폭증하면서 정전 사태를 겪기도 하였고, 농작물도 큰 피해를 입으면서 식량 가격이 급등했어요. 한편, 캐나다 또한 역대급 폭염으로 인해 2023년엔 역사상 최악의 산불을 경험했어요. 캐나다 전역에서는 약 5,738건의 크고 작은 산불이 발생하여 13.7백만 헥타르의 땅이 불에 탔어요. 대규모 산림 파괴는 물론이고 3만여 명의 이재민이 발생했어요. 이 최악의 산불은 미국까지 영향을 미쳐 공기 질을 악화시켰는데, 뉴욕을 포함한 북동부 지역은 오렌지색 연기로 뒤덮였고, 많은 사람들에게 호흡기 문제를 일으켰어요. 뉴욕시는 시민들에게 외출 자제를 권고했죠. 캐나다의 산불 연기가 국경을 넘어 미국의 하늘까지 매캐하게 흐려놨기 때문이에요.[6)7)8)]

　이렇듯 기후변화는 극한 가뭄, 홍수, 폭염, 한파와 같은 이상기후 현상들을 발생시키고, 이는 단지 날씨의 변화가 아니라 우리의 생존을 위협하는 문제로 다가오고 있어요. 식량 생산 감소, 감염병 및 질환 증가, 전력 공급 문제 등 인간과 생태계, 사회, 경제 모든 곳에 악영향을 미치고 있죠. 우리는 이제 기후변화가 우리의 삶에 얼마나 큰 영향을 미치는지 깨닫고, 이에 대한 대책을 마련해야 해요.

캐나다 산불로 인해 대기오염이 심각한 뉴욕의 모습 (사진출처:CNN)

우리나라 기상청에서 2023년에서 발생했던 이상기후들을 모아서 지도로 정리했어요. 전세계 많은 나라들이 기후변화로 인해 크고 작은 위험에 처해져 있는걸 알 수 있어요.

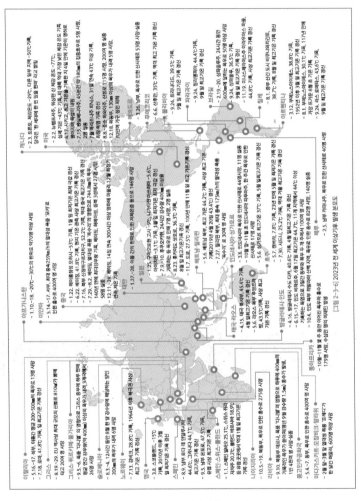

그림출처 : 2023 이상기후보고서

'제주도 하면 귤, 나주 하면 배, 대구 하면 사과'라는 말을 한 번쯤 들어봤을 거예요. 농작물에는 생육에 필요한 적정 온도가 있기에 지역마다 대표하는 특산물이 있어요. 특히 귤은 따뜻한 온도에서 재배되기 때문에 따뜻한 제주도에서만 생산되었는데요. 최근에는 부산, 심지어 서울에서도 노지 감귤 농사가 가능해졌어요. 이제 '제주도 하면 감귤'이라는 말도 옛말이 되어가지요. 그런데 감귤뿐만이 아니에요. 전라남도 나주가 고향인 배도, 대구가 고향인 사과도 모두 재배가 가능한 지역이 점점 북상하고 있어요. 특히 사과의 경우, 재배할 수 있는 지역이 점점 줄어들어 50년 후에는 강원도에서만 겨우 재배될 수 있을 거라고 예상하고 있어요. 최악의 경우엔 한반도에서 사과가 아예 사라질 수 있다는 우려도 있는데요. 왜 이런 변화가 일어날까요? 맞아요, 이것도 기후변화 때문이에요.

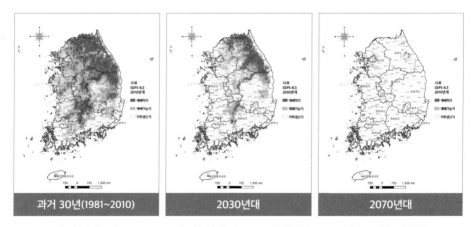

미래엔 지구온난화로 인해 과일을 생산할 수 있는 재배지가 줄어들 것으로 예상하고 있어요.

[우리나라의 기후변화]

살랑한 바람이 불던 '봄'은 '초여름 더위'

뜨거운 햇살의 '여름'은 '폭염과 열대야'

맑고 청명했던 '가을'은 '연속되는 태풍과 장마'

소복이 눈이 쌓이던 '겨울'은 '가뭄과 기습 한파'

우리나라의 기후는 어떻게 변화하고 있을까요? 지난 109년간의 기후를 살펴보면, 기온은 점점 상승하고 강수량도 증가하고 있어요. 20세기 초반(1912~1940년)과 비교해보면 현재의 연평균 기온은 약 1.6°C 상승했고, 연 강수량은 135.4mm 증가했어요. 특히 80mm 이상 많은 비가 내리는 '강한 강수'가 빈번해져 폭우로 인한 피해가 많아졌어요. 계절도 변화를 겪고 있는데요, 과거에는 봄, 여름, 가을, 겨울 4계절이 뚜렷했지만 지금은 그렇지 않아요. 봄과 여름의 시작은 빨라지고, 가을과 겨울의 시작은 늦어지면서 여름은 길어지고, 겨울은 짧아졌어요. 무엇보다도 여름의 폭염과 겨울의 한파는 예전보다 더 강력해졌어요.

[생태계 변화]

먼저 우리가 상대적으로 체감하기 어려운 계절의 변화는 농업과 자연생태계에 큰 영향을 미치고 있어요. 기후는 식물의 개화기에 중요한 역할을 하기 때문에, 농업에서는 작물 재배 시기와 수확량에 변동을 초래해요. 또한 동물은 서식지가 변화하고 번식기에 혼란이 생기면서 생물종의 다양성이 감소하는 결과를 가져와요. 실제로, 기후변화가 우리나라 생태계 전반에 미치는 영향을 평가한 자료에 따르면, 5,700여 종의 생물 중 336종이 급격한 기온 상승에 적응하지 못해 멸종될 것으로 보고되었어요. 특히 서식지 이동이 어려운 구슬다슬기나 참재첩 같은 담수 생태계 생물들이 큰 피해를 입을 것으로 예상돼요. 이러한 생물들의 멸종은 결국 생태계 전체의 균형을 무너뜨릴 거예요.[9]

[이상기후 현상]

기후변화를 가장 강력하게 체감할 수 있는 이상기후 현상은 어떤 것이 있을까요? 폭염, 폭우, 폭설, 한파 같은 현상들이 매년 '역대급', '기록 경신'이라는 수식어를 달고 더 강력하고 빈번해지고 있어요. 특히 2022년 여름에 발생한 집중호우는 도심 한가운데를 쑥대밭으로 만들었어요. 서울 강남에 쏟아진 폭우는 시간당 116mm로, 도로와 건물들이 침수되어 차량은 물론 반지하 주택도 물에 잠기고 말았죠. 이틀간의 폭우로 약 7,600대의 차가 침수되었고, 7명이 숨지고 6명이 실종되는 등 큰 인명 피해가 발생했어요. 한편, 또 다른 지역에선 반지하 주택에 거주하던 일가족 3명이 미처 대피하지 못해 사망했는데, 이 소식은 많은 이들의 안타까움을 자아냈어요. 이렇듯 우리 사회는 이전까지 경험해보지 못했던 역대급 강수량으로 배수시설이나 방재 대비의 한계가 드러나면서 앞으로 더 빈번해질 기후변화에 더 적극적으로 대응 방안을 마련해야한다는 목소리가 높아지고 있어요.[10][11][12]

사람들은 이제 기후변화가 먼 북극이나 투발루 섬만의 이야기가 아니라는 것을 실감하게 되었어요.

점점 상승하는 기온

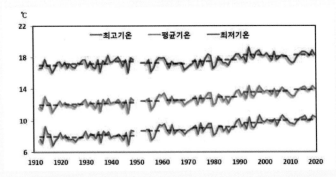

우리나라 109년(1912~2020년) 기후 역사 중, 과거 30년(1912~1940년)의 연평균 기온은 12.1℃, 최근 30년(1991~2020년)의 연평균 기온은 13.7℃로 무려 1.6℃가 상승했어요. 그리고 지난 109년간 우리나라의 강수량은 증가한 반면, 강수일수는 감소하여, 비가 내릴 때 더 집중적으로 내리는 강수의 양극화 현상이 심해졌어요.

22년 8월, 역대급 폭우로 서울 강남지역이 침수 되었을 때,
차위에서 구조를 기다리는 시민의 모습 (사진출처: SBS NEWS)

- 한 남성이 침수된 차량 위에 앉아 구조를 기다리는 사진이 온라인 커뮤니티에 화제가 되었어요. 폭우로 차량이 침수된 위급한 상황임에도 급하게 행동하지 않고 침착한 태도를 보인 이 사진은, 네티즌들 사이에서 "서초동 현자"라는 별칭을 얻으며 밈이 만들어지기도 했답니다. 이는 당시 재난 상황속에서 사회적 불안을 잠시나마 해소하려는 의도로 받아들여졌어요.

KBS뉴스 '이상 기후' 시대…지역 축제 직격탄 2024.01.18
KBS뉴스 '꿀벌 집단 실종' 또 속출…"이상 기온 탓" 2024.02.05
KBS뉴스 이상기후 탓 사과 작황 부진…에타는 농심 2024.03.09
경향신문 "참외 너마저" 사과처럼 폭등 조짐…이상기후에 생산량 '급감' 값 '껑충' 2024.04.02
KBS뉴스 사흘에 이틀은 비…밀·보리 붉은곰팡이병 비상 2024.05.29
중앙일보 이상기후 때문? 벌레·모기 급증…권익위, 민원예보 발령 2024.06.05
BBCNEWS 코리아 이틀 연속 폭우에 피해 속출…갈수록 강해지는 집중호우 대비 안전수칙은 2024.07.18
서울신문 기후재앙, 문화유산을 할퀴다 2024.08.22
SBS뉴스 제주서 어선 덮친 잠자리 떼…"이렇게 많은 건 처음" 2024.09.11
한국경제 이상기후 역습…마트 수산물 50%가 '외국산' 2024.10.22
한국일보 117년 만에 '11월 최대 폭설' 내린 서울…오늘 밤도 눈폭탄 예보 2024.11.27
SBS뉴스 '기후플레이션' 현실화…초콜릿·커피 가격 인상 잇따라 2024.12.01

쉽게 이해하는 날씨와 기상, 기후와 기후변화

온도
- 따뜻함과 차가움의 정도를 나타내는 물리적 단위

→ 섭씨(℃), 화씨(℉), 켈빈(K) 등으로 나타내요.

기온
- 대기의 온도, 특히 지표 근처의 공기 온도를 의미

→ 기온은 기후를 이해하는 데 중요한 역할을 해요.

날씨
- 특정 시간과 장소에서 나타나는 대기 상태

→ 날씨는 기온, 습도, 강수, 풍향, 풍속 등의 요소로 구성되며, 짧은 시간 동안의 변화
  를 포함해요. 예) 오늘 우리지역의 날씨는 오전엔 춥고, 밤엔 비가 온다.

기상
- 날씨를 포함하여 대기 중에 일어나는 여러 가지 물리 현상

→ 일상적으로 경험하는 대기의 상태를 말할 때는 날씨를 뜻하지만, 기상은 날씨뿐
  만 아니라 대기 현상의 전반(계절풍, 대기압 분포, 대기순환, 제트기류 등)을 아우르
  는 넓은 개념이에요.

기후
- 특정 장소에서 장기간(30년)에 걸쳐 나타나는 기상의 평균적 상태

→ 기후는 지역의 계절 패턴을 포함하며, 안정된 패턴의 반복을 통해 정의돼요.
  예) 시시각각 변하는 것은 날씨, 일정한 패턴의 반복은 기후.

기후변화
- 장기간에 걸쳐 지속된 기후가 자연적 혹은 인위적 원인에 의해 변화된
  상태

→ 유엔기후변화협약(UNFCCC)에서는 자연적 원인에 의한 기후의 변화는 '기후변
  동성'이라 하며, 인간 활동에 의한 변화는 '기후변화'라고 구분하고 있어요.

이상기상(이상기후)

- 기온, 강수량, 해수 온도 등의 기후요소가 평년값(30년 동안의 평균값)
  에 비해 현저히 높거나 낮은 수치를 나타내는 극한 현상

→ 세계기상기구(WMO)에서는 특정 지역에서 약 30년에 한 번 정도 발생할 확률이
  있는 극단적인 기상 현상을 '이상기상'으로 정의해요. 예)이례적으로 심한 폭염,
  한파, 가뭄, 폭우와 같은 현상

→ 일반적으로 "이상기상(극한기상, 기상이변)"은 주로 날씨와 관련된 단기적 극한
  현상(폭염, 한파)를 의미하고, "이상기후"는 장기적인 기후 패턴의 변화로, 몇 년
  간의 극심한 가뭄, 장기적인 해수면 상승 또는 몇 주 이상 지속되는 폭우와 폭염
  과 같은 현상을 설명할 때 사용돼요. 그러나 현재는 이상기상, 이상기후, 극한기
  상, 기상이변 모두 같은 맥락으로 혼용되어 사용되고 있어요.

이야기로 쉽게 정리하기

　특정 지역에서 오랜 시간 동안 형성된 기상 패턴을 '기후'라고 불러
요. 기후는 자연적 변화나 인간의 활동 등 다양한 요인에 의해 변할 수
있어요. 이러한 기후변화는 가뭄, 폭우, 폭염, 한파, 태풍 같은 극단적
인 기상 현상, 즉 '이상기상'의 발생 빈도를 높이는 중요한 원인 중 하
나예요.

　그렇다면 기후변화는 왜 이런 극단적인 기상 현상을 계속 일으키는
걸까요? 간단히 설명하자면, 대기와 해양의 순환은 기상의 균형을 유지
하는 핵심 요소인데, 이 순환에 문제가 생기면서 극단적인 기상 현상이
발생할 가능성이 높아지기 때문이에요. 대기는 태양으로부터 받은 열
을 순환시키며 바람을 만들어내고, 해양은 열을 저장하고 수분을 증발
시켜 구름을 만드는 중요한 역할을 하죠. 하지만 지구의 평균 온도가 상
승하고 강수 패턴이 변화하는 등 기후변화가 발생하면, 대기와 해양이

주고받는 에너지가 불안정해지고, 이로 인해 순환의 균형이 깨지게 돼요. 대기의 흐름이 약해지면 특정 지역에 비나 더위가 오래 머물러 폭우나 폭염으로 이어질 수 있고, 해양 온도가 상승하면 태풍이 더 강력해질 수 있어요.

이처럼 대기와 해양의 변화가 서로 영향을 주며 기상을 더욱 극단적으로 만들면서 이상기상의 빈도를 높이고 있는 거랍니다.

기후변화는 왜 일어날까?

기후변화의 정체

기후변화의 주요 원인이 온실가스라는 사실은 많은 사람들이 알고 있을 거예요. 맞아요, 온실가스가 지구온난화를 가속화시키고 있어요. 그러나 모든 기후변화 현상을 온실가스로만 설명할 순 없어요. 기후변화를 일으키는 요인은 다양하고 이들 사이의 상호작용은 매우 복잡하기 때문이예요. 지구가 겪어온 기후 역사를 살펴보면, *간빙기와 *빙하기를 반복하면서 기후는 자연스럽게 변화해 왔어요. 중세 온난기(9세기-13세기) 동안에는 기온이 높아지면서 농업 생산량이 증가하고 전 세계 인구가 늘어났어요. 반면, 소빙기(14세기-19세기)에는 기온이 다시 낮아져 작물 수확량이 감소하고 질병과 기근이 확산되었죠. 17세기 춥고 배고팠던 조선의 상황은 「현종실록」에서도 찾아볼 수 있었어요. 현종 때인 1670년(경술년)과 1671년(신해년)에 발생한 대기근을 '경신대기근'으로 기록하였어요. 지구 평균 기온이 1-2℃ 내려간

---

*간빙기 : 빙하기와 빙하기 사이에 지구의 기온이 상승하여 빙하가 줄어들고 따뜻한 기후가 지속되는 시기

*빙하기 : 지구의 온도가 낮아져 빙하가 넓게 퍼지고, 많은 지역이 얼음으로 덮이는 추운 시기

소빙기 시기, 조선을 덮친 자연재해는 많은 백성들을 굶주림과 질병, 고통에 시달리게 했어요.

> "남북의 각 고을이 하나같이 가뭄, 수해, 바람, 우박의 재난을 당하여
> 각종 곡식이 거둘 것이 없게 되었으며 상수리 열매도 익지 않았다.
> 농민들이 진을 치고 모여서 통곡하는 소리가 들판을 진동시켰다."
> 현종실록 18권, 현종 11년 8월 11일

결국, 지금처럼 온실가스를 많이 배출하지 않았던 과거에도 기후는 변해왔어요. 따라서 기후변화의 다양한 현상을 깊이 이해하고 효과적인 해결책을 찾기 위해서는, 기후변화에 영향을 미치는 다양한 요인에 대한 충분한 배경 지식이 필요해요. 이를 통해 기후변화가 자연적 원인에 의한 것인지, 인간의 활동에 의한 것인지, 아니면 이 두 원인이 복합적으로 작용하는 것인지 더 잘 이해할 수 있을 거예요. 그리고 이러한 기본적인 이해를 바탕으로, 지금의 기후변화 현상을 마주한다면 비로소 인간 활동이 기후변화에 얼마나 큰 영향을 미치고 있는지를 공감할 수 있을 거예요.

기후변화의 다양한 원인들

기후는 자연적 원인과 인간의 활동에 의한 인위적인 원인을 통해 변화해요. 이러한 원인들은 *기후시스템에 각각 독립적으로 작용하거나, 서로 복잡한 상호작용을 통해 기후변화를 일으키게 되죠. 우리는 뉴스를 통해 매년 지구 평균기온이 몇 ℃ 더 올랐는지에만 관심을 가지곤 하지만, 단순한 결과보다는 어떤 원인이 지구 평균기온에 영향

을 미쳤는지 이해하는 것이 훨씬 더 중요해요. 이는 기후가 우리의 행동에 즉각적으로 영향을 받아 변하는 것이 아니라, 오랜 시간에 걸쳐 서서히 변화하기 때문이에요.

대표적으로, 많은 전문가들은 1998년부터 2012년 사이에 화석연료 사용 증가로 인한 온실가스 배출량이 급격히 늘어나면서 지구온난화가 가속화될 것으로 예측했어요. 그러나 실제로는 지구 평균기온 상승 속도가 예상만큼 빠르지 않았죠.[13] 이 시기를 두고 일부에서는 지구온난화가 중단됐다는 주장까지 제기되기도 했어요.

그러나 그 이면을 살펴보면, 당시 대기 중 에어로졸이 태양 복사에너지를 일부 차단하여 단기적인 냉각 효과를 주었고, 해양이 대기 중의 열을 더 많이 흡수하면서 지표 온도가 정체된 것처럼 보였던 것이 주요 원인이었어요. 하지만 에어로졸의 냉각 효과는 일시적이고, 해양이 흡수한 열은 언젠가 다시 대기로 방출되기 때문에, 이러한 단기적인 요인들이 사라진 이후에는 대기 중에 축적된 온실가스의 효과가 더욱 두드러지게 돼요.

실제로 세계기상기구(WMO)가 발표한 보고서에 따르면 2011년부터 2020년까지의 10년은 관측 사상 가장 더운 10년으로 기록되었으며, 이는 온난화가 다시 극적으로 가속화된 시기였다고 분석되었어요.[14]

따라서 우리는 매년 발표되는 지구 평균기온이라는 숫자만 보는 데 그치는 것이 아니라, 기후변화의 원인과 메커니즘에 더 많은 관심을 가져야 해요. 몇십 년, 혹은 몇 년 후에 기후변화로 인해 닥쳐올 후폭

기후변화 원인

자연적	인위적
태양 에너지 변화	온실가스
지구공전궤도 변화	에어로졸
화산폭발	산림파괴
.	.
.	.

풍을 모른 채, 우리의 잘못된 행동과 시스템을 그대로 두는 것은 너무 위험한 선택일 수도 있거든요. 우리가 이 변화에 대한 원인을 깊이 이해한다면, 스스로 더 나은 선택을 할 수 있을 뿐만 아니라 사회에 올바르고 효과적인 해결책과 변화를 요구할 수 있을 거예요.

[자연적인 원인 : 태양에너지 변화]

태양은 지구에 열과 빛을 제공해요. 이 태양에너지가 변하면 지구의 기후시스템에 직접적인 영향을 미치게 되죠. 태양의 활동량이 많아져서 지구에 도달하는 태양 복사에너지가 많아지면 지구의 온도가 올라가고, 반대로 에너지가 줄어들면 지구의 온도는 낮아져 추워져요.

태양으로부터 오는 에너지는 수백만 년 동안 변화해왔어요. 특히 11년 주기로 극소기와 극대기를 반복하는 태양활동(흑점수 변화)으로 방출되는 태양 에너지가 달라져요. 과거 소빙기였던 시기에 태양을 관찰해 보니 흑점 수가 적었다고 해요. 이를 통해 태양 활동이 줄어들면 지구에 도달하는 에너지가 감소해 기온이 낮아졌다는 걸 알 수 있어요. 이처럼 태양의 에너지 변화는 지구의 기후에 영향을 줄 수 있는데, 많은 과학자들은 태양 활동이 가장 활발해지는 극대기가 2024년이나

2025년에 도달할 거라 예상하고 있어요. 물론 정말 극대기가 맞는지는 시간이 한참 흐른 뒤에야 확신할 수 있고요.

그렇다면 지금 지구가 점점 뜨거워지고 있는 것이 태양의 에너지 주기로 인한 것일까요? 그건 아니에요. 현재의 태양 활동 주기는 인간이 발생시킨 온실가스에 비해 기후에 미치는 영향은 미미해요. 태양의 에너지는 지난 50년 동안 거의 일정하게 유지되었지만, 이 기간 동안 지구의 기온은 크게 상승했어요. 이는 현재의 기후변화가 태양 활동보다는 다른 요인들에 의해 더 큰 영향을 받고 있다는 것을 보여줘요. 따라서 태양에너지 변화는 현재 가속화되고 있는 지구온난화의 직접적인 원인으로 보긴 어렵답니다.

에너지 폭발 중

오늘 에너지 폭발하는 날인가보네...

[자연적인 원인 : 지구공전궤도의 변화]

과학자 밀루틴 밀란코비치는 지구의 공전 궤도와 자전축의 변화가 지구 기후에 영향을 미친다는 이론을 제시했어요. 그래서 이러한 이론을 '밀란코비치 이론'이라고 불러요. 그의 이론에 따르면, 지구의 자전과 공전 궤도의 변화, 즉 이심률, 자전축 경사, 세차 운동이 변하면서 지구와 태양 사이의 거리가 달라지고, 이에 따라 지구에 도달하는 태양 에너지 양이 달라져 기후에 영향을 미친다는 거예요.

조금 더 쉽게 설명하자면, 지구는 태양을 중심으로 타원형 궤도를 그리며 돌고 있어요. 이때 지구는 살짝 기울어진 상태로 태양 주변을 공전하는데, 이 기울어진 각도를 자전축 경사라 하고, 경사 방향의 변화를 세차 운동, 타원의 찌그러진 정도를 이심률이라고 해요.

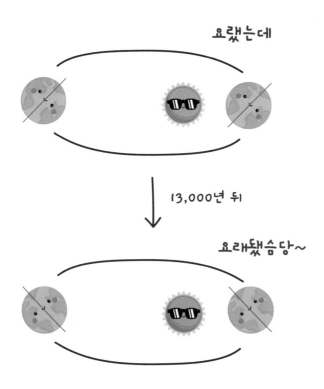

자전축의 경사는 약 41,000년 주기로 22.1°에서 24.5° 사이에서 변하고, 자전축이 회전하는 세차 운동은 약 26,000년 주기로 반복되며, 궤도의 이심률은 약 100,000년 주기로 변해요. 이러한 변화로 인해 지구와 태양 사이의 거리가 달라지고, 지표면에 도달하는 태양빛의 각도가 달라져 지구에 도달하는 태양 에너지 양이 변화하게 돼요. 이와 같은 장기적인 변화는 빙하기와 간빙기의 반복 주기를 결정하는 주요 요인 중 하나라고 알려져 있어요.

[자연적인 원인 : 화산폭발]

화산 폭발은 기후변화에 큰 영향을 미칠 수 있는 자연적인 원인 중 하나예요. 우리가 떠올리는 화산으로는 백두산과 한라산이 있죠. 특히 백두산은 946년 대폭발 이후 여러 차례 분화한 것으로 알려져 있어요. 일부 연구자들은 백두산이 약 100년 주기로 분화할 가능성이 있다는 가설을 제시하며, 2025년쯤 다시 분화할 수 있다는 우려를 제

화산재가 가로막다니;;

기하였지만, 다행히도 현재 전문가들은 백두산의 폭발 가능성이 낮다고 보고 있어요.[15]

화산이 다시 폭발한다면 어떤 일이 벌어질까요? 그 생생한 기록은 1702년 조선왕조실록을 통해 찾아 볼 수 있어요.

함경도 부령부, 경성부에 갑자기 어두워지면서 열기가 가득한 변고가 있었다.

"함경도 부령부(富寧府)에서는 이달 14일 오시(午時)*에 천지(天地)가
갑자기 어두워지더니, 때때로 혹 황적(黃赤)색의 불꽃 연기와 같으면서
비린내가 방에 가득하여 마치 화로[洪爐] 가운데 있는 듯하여 사람들이
훈열(熏熱)을 견딜 수가 없었는데, 4경(更)** 후에야 사라졌다.
아침이 되어 보니 들판 가득히 재[灰]가 내려 있었는데, 흡사 조개 껍질을
태워 놓은 듯했다. 경성부(鏡城府)에도 같은 달 같은 날, 조금 저문 후에
연무(煙霧)의 기운이 갑자기 서북쪽에서 몰려오면서 천지가 어두워지더니,
비린내가 옷에 배어 스며드는 기운이 마치 화로 속에 있는 듯해서
사람들이 모두 옷을 벗었으나 흐르는 땀은 끈적이고, 나는 재가 마치 눈처럼
흩어져 내려 한 치 남짓이나 쌓였는데, 주워 보니 모두 나무 껍질이 타고
남은 것이었다. 강변(江邊)의 여러 고을에서도 또한 모두 그러했는데,
간혹 특별히 심한 곳도 있었다."

* 오시(午時): 오전 11시-오후 1시

** 4경(更): 오전 1시 - 3시

숙종실록, 1702년

이 기록은 화산 폭발의 강력한 영향을 생생하게 전해주는데요. 특히, '재가 마치 눈처럼 흩어져 내려 한 치 남짓이나 쌓였는데, 주워 보니 모두 나무 껍질이 타고 남은 것이었다.'는 부분은 화산재가 대기 중으로 퍼져 나가는 모습을 잘 묘사하고 있어요.

화산이 폭발하면 붉고 무서운 용암과 함께 대량의 가스와 화산재도 방출되는데, 이러한 화산 분출물은 대기 중으로 치솟아 성층권까지 도달해서 수 개월에서 수 년간 머무를 수 있어요. 이때 대기에 떠 있는 화산 분출물은 태양빛을 반사하거나 산란시켜, 지구에 도달하는 태양복사에너지를 감소시키고 결과적으로 지구의 온도를 일시적으로 낮출 수 있어요.

실제로도 큰 화산폭발이 전 지구적인 기후변화에 영향을 미친 사례가 여러 번 있었어요. 대표적으로 1815년 인도네시아 탐보라 화산의 폭발은 세계 최대의 화산 폭발로 기록되었어요. 폭발음은 최대 1,500km 떨어진 곳까지 들렸고, 화산재는 최대 500km 범위까지 퍼졌어요. 이로 인해 폭발 후 몇 년 동안 지구 평균 온도는 0.5-1℃ 정도 하강했어요. 특히 1816년의 유럽은 "여름이 없는 해"로 기록되었고, 전 세계적으로 이상기후 현상으로 식량 부족과 전염병 등의 부작용이 발생했어요.

[인위적인 원인 : 온실가스]

온실가스는 대기 중에서 열을 가두어 지구를 따뜻하게 만드는 역할을 해요. 덕분에 우리는 적절하게 기온이 유지되는 지구에서 살 수 있게 되었어요. 만약 온실가스가 없었다면, 태양으로부터 지구에 들어온 에너지가 다시 우주로 방출되어 지구는 훨씬 더 추웠을 거예요. 일부 지역은 빙하기 때처럼 얼어붙었을지도 몰라요.

하지만 지금은 온실가스가 너무 많이 배출되어, 오히려 지구를 뜨겁게 달구고 있어요. 과유불급(過猶不及), 지나침은 오히려 모자람에 미치지 못한다는 말과 지금이 어울리는 상황이죠. 그래서 국제사회에서는 지구온난화가 더 심각해지지 않도록, 온실가스가 대기에 더 많아지지 않도록 관리하기로 했어요. 이를 위해 다양한 협약과 규제를 마련했어요. 온실효과에 큰 영향을 미치는 6가지 온실가스를 선정했는데, 이산화탄소(CO_2), 메테인(CH_4), 아산화질소(N_2O), 수소불화탄소(HFCs), 과불화탄소(PFCs), 육불화황(SF_6)이 이에 해당해요.

이산화탄소, 메테인, 아산화질소는 너무 많이 배출되어 문제이고, 수소불화탄소, 과불화탄소, 육불화황은 상대적으로 배출량은 적지만, 지구온난화에 크게 영향을 주어 관리가 필요하죠. 따라서 우리나라를 포함해 국제사회에서는 6가지 온실가스를 철저히 관리하고 감축하기 위해 노력을 기울이고 있어요.

※ 현재 우리나라는 '기후위기 대응을 위한 탄소중립·녹색성장 기본법'에 따라 이들 6가지 온실가스를 중심으로 관리하고 있어요. 그러나 앞으로 삼불화질소(NF_3)와 같은 다른 온실가스도 온실가스 관리 목록에 포함될 가능성이 있어요. 삼불화질소는 주로 반도체나 디스플레이 제조과정에서 배출되는데, 이산화탄소보다 지구온난화 효과가 약 17,700배 더 크다고 알려져 있어요. 온실가스에 대한 연구와 국제적인 논의가 지속되고 있는 만큼, 관리 대상이 변화할 수 있으므로 최신 정보를 꾸준히 살피는 것이 중요해요.

[인위적인 원인 : 에어로졸]

에어로졸은 대기 중에 존재하는 매우 작은 입자들로, 크기를 가늠해보자면 고운 모래보다도 훨씬 더 작아요. 정확히 말하자면, 에어로졸은 약 0.001~100µm 사이즈로 액체나 고체의 입자가 주로 공기와 같은 기체 내에 미세하게 분포되어 있는 상태를 말하죠. 우리 주변에서 볼 수 있는 에어로졸로는 황사, 안개, 연무, 미세먼지 등이 있어요. 에어로졸은 산불, 화산 활동처럼 자연적으로 발생할 수도 있고, 자동차 배기가스, 산업단지에서 나오는 배출가스와 같이 인위적으로도 생성될 수 있어요. 또한, 에어로졸은 크기, 농도, 조성이 다양하고 대기 중에서 새로운 물질로 합성되는 경우도 있답니다.

에어로졸은 기후변화에도 영향을 줄 수 있는데요. 대기 중에 부유하여 지표면으로 들어오는 태양복사에너지를 산란시키고, 구름 형성의 씨앗으로 작용하여 기후에 영향을 줍니다. 그래서 에어로졸이 많을수록 지구로 들어오는 태양복사에너지가 줄어들어, 지구 평균기온이 낮아질 수 있어요.

'아, 그러면 지구온난화에 오히려 좋은 상황 아닌가?'라고 생각할 수 있지만, 안타깝게도 지구의 시스템은 그렇게 단순하지 않아요. 에어로졸이 발생한 특정 지역에서는 태양 에너지가 차단되어 온도가 낮아질 수 있지만, 그로 인해 해당 지역의 생물종이 감소하는 등 생태계가 파괴될 수 있고, 대기오염물질과 결합하여 산성비나 스모그 같은

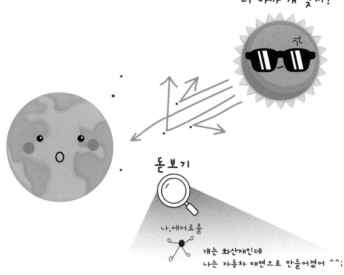

부작용을 일으킬 수 있어요. 따라서 에어로졸이 일시적으로 일부 지역의 온도를 낮출 수는 있지만, 이는 지구온난화 문제의 근본적인 해결책이 될 순 없어요.

[인위적인 원인 : 산림파괴]

푸릇푸릇한 식물은 지구상 모든 생명체의 근원이 되는 존재예요. 식물들은 광합성을 통해 이산화탄소(CO_2)를 흡수하고 산소(O_2)를 생성하여 우리가 숨 쉬는 공기를 정화해요. 뿐만 아니라, 우리에게 에너지를 제공하기도 하죠. 그렇기에 산림파괴는 이 중요한 기능들을 저해하고 더 나아가 기후변화를 유발할 수 있어요.

산림은 산소를 생산하는 동시에, 이산화탄소를 흡수하여 기후변화를 완화하는 중요한 역할을 해요. 그러나 인간 활동으로 인해 산림이 급속도로 파괴되고 있어요. 농지 확장, 광물 채굴, 도시화, 그리고 산불 등이 주요 원인이에요. 산림파괴는 특히 열대우림 지역에서 매우 심각하게 일어나고 있어요.

아마존 열대우림은 '지구의 허파'로 불리며, 막대한 양의 이산화탄소를 흡수하고 산소를 공급하는데, 최근 몇 년간 잦은 산불과 무분별한 벌목으로 큰 피해를 입고 있어요. 산림파괴로 인해 나무 속에 저장된 탄소는 대기 중으로 방출되어 이산화탄소 농도를 더 높이고, 생물들은 서식지를 잃고 있죠. 이는 지구온난화를 가속화시킬 뿐만 아니라, 생물종의 감소와 생태계 불균형을 초래할 수 있어요.

따라서, 산림을 보호하고 복원하는 것은 생태계를 유지하고 기후변화를 완화하는 데 매우 중요해요. 나무를 심고, 산림을 복원하며, 산불 예방과 관리에 힘써야 해요. 산림청에 따르면 큰 나무 한 그루는 하루 4명이 숨 쉴 수 있는 산소를 생성한다고 하니, 앞으로 더 많은 나

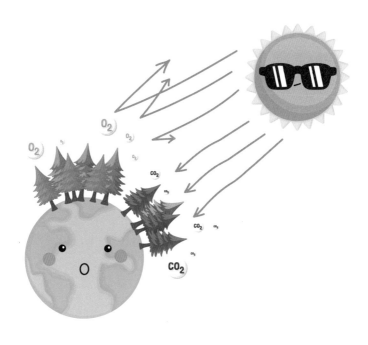

무를 심어야겠죠?[16] 우리 모두가 작은 노력이라도 함께 한다면, 지구와 우리의 미래를 더 희망차게 만들 수 있을 거예요.

기후변화의 결과들

기후변화의 심각성은 이제 대부분의 사람들이 인식하고 있어요. 하지만 정작 일상에서는 이 문제를 심각하게 받아들이지 않는 경우가 많죠. 기후변화의 위험성을 알고 있고, 뉴스에서도 자주 접하지만, 우리는 여전히 그 현실을 외면하고 있어요. '나 혼자 바뀐다고 달라질까?'라는 생각은 우리의 행동을 미루게 하고, 필요한 변화를 어렵게 해요. 결국, 이러한 생각들이 모이면 함께 변화를 만들어낼 중요한 기회를 놓치게 하죠.

하지만 이제는 그런 생각을 뒤로 하고, 나부터 변해야겠다고 결심할 때가 왔어요. 기후 위기는 이미 우리 생활 속에 깊숙이 들어와 있거든요. 우리가 일상에서 겪는 많은 문제들이 기후변화와 직접적으로 연관되어 있다는 것을 모르고 있을 뿐이에요. 이제 기후변화는 북극곰의 집을 빼앗는 안타까운 문제가 아니에요. 우리의 건강과 안전을 직접적으로 위협하는 현실이 되어 버렸어요.

극심해지는 폭염은 우리의 건강을 위협하고, 높아져가는 전기료와 식량 물가는 우리의 생계를 더 어렵게 만들어요. 우리는 이미 기후변화로 변해버린 지구에 적응하는 동시에, 기후변화의 악화를 막기 위해 적극적으로 행동해야 해요.

이건 그냥 먼 미래의 후손을 위한 문제가 아니에요. 지금 우리가 살고 있는 이 지구를 위한 문제예요.

원인		지구시스템 (a.k.a 기후시스템)	기후변화		
자연적	태양에너지 변화		느린 체감	평균기온 상승	열사병, 새로운 전염병 발생, 식중독 증가, 건강 악화, 저체온증, 대형 산불, 개화기 혼란, 해충 출현, 기후 난민 발생, 동·식물 번식기 혼란, 식량 가격 폭등, 가뭄, 물 부족, 식량위기, 도시침수 피해 증가, 에너지 수요 증가, 작물 수확량 감소, 축제 무산, 도시침수 피해 증가, 에너지 수요 증가, 싱크홀 발생, 전기료 급증, 스키장 폐업
	지구공전궤도 변화			강수량 증가	
	화산폭발	대기권 수권 생물권 지권 빙권		계절변화	
인위적	온실가스		빠른 체감	폭우, 홍수	
				폭염	
	에어로졸			폭설	
				한파	
	산림파괴			태풍	

생각하기&답하기

기후변화 체감하기 〈환경은 무엇이고, 진짜 우리는 위기일까?〉를 마치며,
이제 우리 주변에서 일어날 수 있는 환경문제와 기후변화의 영향을 떠올려
보고, 이에 대해 어떻게 대비할 수 있는지 고민하는 시간을 가져 봅시다.

Q 우리나라에서 발생한 이상기후 중 기억나는
사건이 있었나요?

A

2022년 서울에 물폭탄급 폭우로 인해 강남역이 침수 되었
다. 많은 차량과 건물, 집들이 침수되어 인명과 경제적 피
해가 심했던 것으로 기억된다.

Q

내가 사는 지역에서 이상기후에 취약한 점은
무엇인 것 같나요?

A

내가 사는 동네는 산림과 하천이 많기 때문에 폭우가 내릴
경우 산사태나 침수에 취약할 것 같다.

Q

그렇다면, 이러한 재난상황에 대비하기 위해 내가 할
수 있는 예방조치는 무엇이 있을까요?

A

비상상황에 대비하기 위해 비상용품을 미리 구비하고, 실제 상황에서 침착하게
대처할 수 있도록 관련 안전 대처 영상이나 교육 자료를 찾아보며 대비할 것이
다. 또한, 평소 침수에 취약하다고 판단되는 공공시설물에 대해선, 구청에 이를
신고하여 사전에 문제를 예방할 수 있도록 노력할 것이다.

생각하기&답하기

01 | 지구가 정말 뜨거워지고 있을까?
　　인류세: 인간이 만든 새로운 지질 시대
　　지구온난화를 넘어 지구열대화

02 | 착한 온실가스? 나쁜 온실가스?
　　착한 온실가스 : 기후 조절의 필수 요소
　　나쁜 온실가스 : 기후위기의 주범
　　주목해야 할 6가지 온실가스

03 | 온실가스는 어디에서 발생할까?
　　온실가스 설명서: 온실가스 인벤토리
　　튜토리얼 : 온실가스 인벤토리 찾아보기
　　분석하기 : 온실가스 무엇이, 어디서, 얼마나
　　전략짜기 : 온실가스 감축방법

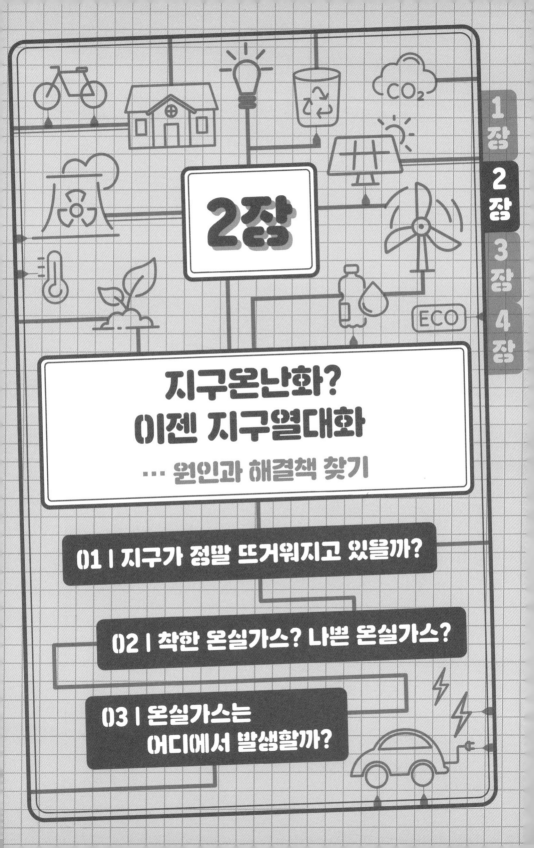

2장

지구온난화?
이젠 지구열대화
··· 원인과 해결책 찾기

01 | 지구가 정말 뜨거워지고 있을까?

02 | 착한 온실가스? 나쁜 온실가스?

03 | 온실가스는
     어디에서 발생할까?

2장

—

지구온난화?
이젠 지구열대화

지구온난화(global warming), 지구가열화(global heating), 지구열대화 (global boiling), … 앞으로 지구는 얼마나 더 뜨거워질까요? 매년 여름마다 핸드폰에 울리는 폭염주의보 알림만 봐도, 이미 우리는 지구열대화 시대에 살고 있다는 사실을 실감할 수 있어요. 뉴스에서도 '지구온난화' 대신 '지구가열화'나 '지구열대화'같은 표현이 더 자주 사용되고, '역대급', '역사상'이라는 단어들도 이전보다 더 자주 등장하고 있죠.

최근 몇 년을 되돌아보면, "올해가 역사상 가장 더운 해로 기록되었다"는 뉴스가 여러 번 전해졌지만, 그 기록은 오래가지 않았어요. 놀

2023년 7월, 안토니우 구테흐스 유엔 사무총장은 미국 뉴욕 유엔 본부에서 기후 위기에 대한 즉각적인 조치를 촉구하며 "지구는 이제 끓는 시대에 접어들었다"고 경고했어요. 그는 "올해 7월이 역사상 가장 뜨거운 달이 될 것"이라고 강조하며, 기후변화의 심각성을 다시한번 환기시켰어요.[1]

랍게도 바로 다음 해에 그보다 더 뜨거운 해로 기록되었다는 소식이 다시 들려왔거든요.[2] 이렇게 매년 '역사상 가장 더운 해'라는 기록이 갱신되는 상황에서, 과학자들은 앞으로도 지구 기온이 계속 상승할 것으로 예측하고 있어요. 왜 그럴까요? 1장에서 잠시 언급했듯이, 지구의 기후시스템은 큰 관성을 가지고 있어 변화에 대해 천천히 반응하는 특성을 가지기 때문이에요. 풀어 말하자면, 기후시스템을 구성하는 요소는 서로 복잡하게 상호작용하며 열과 에너지의 흡수 및 방출 속도에 차이가 있어요. 이로 인해 기후시스템은 어떠한 변화에 대해 즉각적으로 반응하지 않고 시간이 지나야 그 영향이 비로소 나타나게 돼요. 그래서 전문가들은 온실가스 배출을 줄이더라도, 이미 대기 중에 축적된 온실가스로 인해 지구의 기온은 당분간 더 상승할 가능성이 높다고 경고하고 있어요. 특히 온실가스는 종류에 따라 대기 중에 머무르는 기간이 다른데, 이산화탄소(CO_2)의 경우 대기에 오랫동안 남아 있기 때문에 그 농도가 낮아지기까지는 꽤 오랜 시간이 필요해요. 이 상황을 비유하자면, 마치 가스 불에 달궈진 냄비의 불을 끈다고 해서 바로 식지 않는 것처럼, 이미 온실가스로 데워진 지구도 서서히 식어가는 데 시간이 필요해요. 그래서 우리가 당장 기후변화를 막기 위해 노력하더라도, 지구의 기온이 즉시 낮아지지는 않는 거예요.

그렇다고 당장 눈에 띄는 변화를 기대하기 어렵다는 이유로 낙담하거나 포기해선 안돼요. 당장의 효과를 바라긴 힘들겠지만, 최소한의 큰 위기는 막을 수 있거든요. 이 기후 위기를 '티핑 포인트(Tipping Point)'라고 부르는데요. 티핑 포인트는 지구의 기후시스템이 한계를 넘어서는 순간을 의미해요. 이 지점에 도달하면, 기후는 급격히 변하여 우리의 예측 범위를 넘어서는 극단적인 변화가 발생할 수 있어요. 그때부터는 재난영화에서나 볼 법한 거대한 자연재해와 예측할 수 없는 기후변화가 우리의 일상에 현실로 다가올 수 있어요. 결국, 돌이킬 수 없는 결과를 마주하기 전에, 우리가 함께 힘을 모아 지구 기온을 낮추는 행동을 서둘러야 해요.

"지구가 정말로 뜨거워지고 있을까?"에서는 과거부터 현재까지 지구의 기후가 어떻게 변해왔는지 살펴보고, 기후변화의 원인이 자연적인 현상인지 아니면 인간 활동의 결과인지 알아볼 거예요. 그다음, **"착한 온실가스? 나쁜 온실가스?"**에서는 우리가 배출하는 온실가스가 어떻게 지구온난화, 즉 기후변화에 영향을 미치는지, 그리고 온실가스의 역할과 중요성을 이해할 거예요. 마지막으로, **"온실가스는 어디에서 발생할까?"**에서는 온실가스가 주로 어디에서 배출되는지, 그리고 이를 줄일 방법에 대해 함께 고민해 볼 거예요.

2장 "지구온난화? 이젠 지구열대화"에서는 현재의 온난화가 인간의 온실가스 배출에 의한 것임을 뒷받침하는 과학적 증거를 하나씩 살펴볼 거예요. 많은 사람들이 지구온난화의 주요 원인이 인간의 활동이라는 것에 대부분 동의하지만, 일부는 자연의 주기적 현상 중 하나일 수 있다고 주장하기도 해요. 따라서 이번 장에서는 이러한 논쟁을 바탕으로, 인간 활동이 기후변화에 미친 영향을 중점으로 깊이 이해하려고 해요. 지금의 상황에 대한 원인을 제대로 이해하는 순간, 우리가 만들어야할 변화와 시스템은 무엇인지 발견할 수 있을 거예요.

지구가 정말 뜨거워지고 있을까?

인류세: 인간이 만든 새로운 지질 시대

태초의 지구에서 현재까지, 46억 년의 시간 동안 지구는 끊임없이 변화해왔어요. 자연의 빛만 존재하던 지구가, 오늘날 화려한 불빛으로 가득 찬 모습이 되기까지 땅, 공기, 물, 그리고 생명체에 수많은 변화가 있었죠. 지구가 생성된 초기에는 뜨거운 용암으로 뒤덮여 있었고, 시간이 지나면서 차츰 식어 바다와 대륙이 형성되었어요. 그리고 거대한 대륙은 오랜 시간 동안 갈라지고 이동하며 지금의 모습을 갖추었어요. 단세포 생명체는 수십억 년에 걸쳐 환경에 적응하며 진화했고, 마침내 인간이라는 존재가 등장했어요. 지구의 오랜 역사를 돌아보면, 마치 마법과도 같아요. 지금 우리가 밟고 있는 이 콘크리트 바닥도, 오래 전 공룡들이 거닐던 백악기 숲이었을 테니까요.

지구의 긴 역사를 지질학 기준으로 나눠보자면, 선캄브리아시대, 고생대, 중생대, 그리고 신생대로 구분할 수 있어요. 각각의 시대마다 기후와 환경은 달랐고, 생명체도 이에 맞춰 진화하거나 멸종했어요. 오랜 세월 동안 생명체들은 자연의 변화에 적응하며 살아왔어요. 그러나 인간의 문명이 고도화되면서, 인간은 다른 생물종의 멸종과 지구 시스템 변화에 점점 더 큰 영향을 미치기 시작했어요.

[선캄브리아 시대부터 신생대까지]

선캄브리아 시대는 지구 역사의 약 88%를 차지하는, 약 45억 년 전부터 5억 4천만 년 전까지의 기간을 말해요. 이 시기에는 지구의 기후가 매우 불안정했고, 대기 중 산소(O_2) 농도가 낮았어요. 초기 지구는 뜨거운 용암으로 뒤덮여 있었고, 점차 식으면서 바다가 형성되었죠. 미생물, 특히 남세균(시아노박테리아)이 등장하면서 광합성을 통해 산소를 생산하기 시작했어요. 이로 인해 대기 중 산소 농도가 점차 증가했고, 이는 생명체의 진화에 중요한 역할을 했어요.

고생대에는 해양 생물이 번성했으며 최초의 복잡한 생명체들이 등장했어요. 기후는 비교적 온난했지만, 말기에 페름기 대멸종이 일어나면서 많은 생명체들이 사라졌어요. 이 멸종으로 바다생물의 96%, 육상척추동물의 70%가 사라졌어요.

중생대는 공룡의 시대였으며, 기후는 대체로 온난했어요. 그러나 중생대 말기에 소행성 충돌과 대규모 화산 활동이 발생하면서 기후에 급격한 변화를 초래했고, 이로 인해 공룡을 비롯한 많은 생명체가 멸종했어요.

그리고 6,600만 년 전부터 시작된 신생대는 포유류가 번성하고 인류가 출현한 시기에요. 신생대에는 여러 차례의 빙하기와 간빙기가 반복되며, 지구의 생태계에 큰 변화를 가져왔어요. 빙하기 동안 지구의 많은 지역이 얼음으로 뒤덮였고, 그로 인해 생태계와 기후가 급격히 변화하면서 많은 생물종이 멸종하거나 새로운 환경에 적응해야 했어요. 한편, 간빙기에는 기온이 상승하면서 얼음이 녹아 해수면이 상승했고, 이로 인해 해안선이 변하고 새로운 해양 서식지와 습지가 형성되었어요. 이러한 변화는 다양한 생명체들이 다시 번성할 수 있는 계기가 되었죠.

이처럼 지구는 빙하기와 간빙기를 거치며 환경을 변화시켜 왔고, 약 1만 년 전 마지막 빙하기가 끝나면서 생물종들이 생존하고 번성할 수 있는 기후와 환경이 조성되었어요. 안정된 환경은 인류가 농업과 정착생활을 시작할 수 있는 기반이 되었으며, 이를 바탕으로 인류는 문명을 발전시켜 오늘날의 현대 문명까지 이르게 되었답니다.

> 지구는 다양한 기후와 환경의 변화를 통해 생명체의 진화와 멸종을 반복해왔고, 그 증거들은 땅속의 암석으로 남아 있어요. 지질시대는 생물의 종류, 기후, 지구환경 등 지구 시스템에 큰 변화에 따라 누대(Eon), 대(Era), 기(Period), 세(Epoch), 절(Age) 순으로 구분하는데, 근래 인류는 지구의 지질시대 역사에 한 획을 그을 새로운 흔적을 남기기 시작했어요.

[인류세의 시작일까?]

현대 문명이 발달함에 따라 지구의 모습도 과거와는 확연히 달라졌어요. 이에 따라 지질학계에서는 우리가 살고 있는 이 시대를 인류세(人類世, Anthropocene)로 구분해야 한다는 주장이 제기되고 있어요. 인류세란, 인간의 활동이 지질학적으로 특별하게 눈에 띄는 흔적을 남기는 시기를 뜻해요. 이 개념은 2000년대 초반, 미국의 생물학자인 유진 스토머(Eugene F. Stoermer)와 네덜란드의 대기화학자인 폴 크루첸(Paul Crutzen)이 International Geosphere-Biosphere Programme(IGBP)의 기고문을 통해 처음 제안했어요. 이들은 산업혁명을 기점으로 인류가 지구환경을 변화시켰고, 그로 인해 지구의 역사가 새로운 시대에 접어들었다고 주장했죠.[3]

산업혁명 이후 화석 연료 사용이 급증하면서 이산화탄소(CO_2)와 같은 온실가스 농도가 크게 증가했고, 이는 지구의 생태학적 시스템뿐만 아니라, 지질학적 변화에도 영향을 미쳤어요. 여기에 비료 사용

66

으로 인한 질소, 플라스틱, 닭 뼈, 방사능 물질, 콘크리트와 같은 인간 활동의 결과들이 더해지면서, 이러한 흔적들은 인류세를 구분짓는 중요한 특징으로 여겨지고 있어요.

인류세가 공식적으로 지질시대 단위로 인정받으려면 여전히 많은 논의와 연구가 필요하지만, 인간 활동이 지구 환경에 막대한 영향을 미치고 있다는 건 부정할 수 없는 사실이에요. 동물들이 뛰어다니던 숲과 초원을 인간이 농경지로 바꾸고, 콘크리트 건물을 세웠으며, 댐과 저수지를 만들어 물의 흐름도 변경했으니까요. 사실, 인류세라는 개념은 단순히 지질학적 구분을 넘어, 현재의 환경문제를 상징하는 의미를 담고 있어요. 그래서 인류세라는 용어는 등장과 함께 과학계뿐만 아니라 정치, 경제, 환경 등 사회 전반으로 퍼져나가 환경문제를 해결하기 위한 움직임을 이끌고 있어요.

우리는 지구와 인류의 생존을 위해 현재의 환경 변화를 이해하고, 미래를 위해 더 나은 선택을 해야 할 책임이 있음을 인식하고 있어요. 이제는 인류가 그동안 변화시켰던 환경을 되돌아보며, 앞으로 지구와 인류의 미래를 위해 어떤 선택을 할 것인지 깊이 고민해야 할 때입니다.

인류세에 오신걸 환영합니다

사진출처: 피플투데이

2012년 제3차 UN 지속가능발전 정상회의(Rio+20)에서 반기문 사무총장은 '인류세에 오신 걸 환영합니다'라며 컨퍼런스의 포문을 열었다.[4][5]

250년 전 영국에서 시작된 산업 혁명으로 석탄과 석유 사용이 증가하고 철도, 자동차, 고속도로 등의 발명품이 전 세계를 연결하며 인류의 생활 방식을 근본적으로 변화시켰습니다. 의학적 발견과 농업 기술의 발전으로 수백만 명의 생명을 구하고 더 많은 사람들을 먹여 살릴 수 있게 되었으나, 1950년대 이후 세계화와 도시화가 가속화되면서 환경파괴와 사회적불평등도 심화되었습니다.

인류 활동으로 인한 온실가스 배출 증가, 생물 다양성의 상실, 해양 산성화, 오존층 파괴 등 지구의 자연 순환에 심각한 변화가 일어났으며, 이는 해수면 상승과 같은 환경 문제를 야기했습니다. 이러한 변화들은 인류가 새로운 지질 시대인 '인류세'로 들어섰음을 의미하며, 인류의 끊임없는 압력이 지구에 전례 없는 불안정성을 초래할 위험이 있음을 시사합니다.

그러나 동시에, 인류의 창의성과 에너지는 과거를 형성해온 것처럼 현재를 형성하고 미래를 형성할 수 있는 희망을 제공합니다. 우리 모두가 이 이야기의 일부이자, 90억 인구를 위한 안전한 공간을 찾아야 합니다. 인류세에 오신 것을 환영합니다.

-'인류세에 오신 걸 환영합니다'의 내용 중-

지구온난화를 넘어 지구열대화

지구의 기후는 수십억 년 동안 끊임없이 변화해왔어요. 태양의 활동이나 지구의 공전궤도 변화와 같은 자연적인 사이클은 물론이고 지각 변동, 화산 폭발, 소행성 충돌과 같은 사건들은 기후를 변화시키는 데 중요한 요인으로 작용해왔어요.

71페이지의 그림에서 보듯이, 지구의 46억 년에 걸친 기온 변화를 살펴보면 오랜 기간 동안 현재보다 훨씬 높은 기온을 유지해왔다는 것을 알 수 있어요. 특히, 약 5,600만 년 전 팔레오세-에오세 최대 온난기(PETM) 동안 지구의 평균 기온은 현재보다 10-15°C 더 높았으며, 이러한 상태는 수십만 년간 지속되었습니다.

그러다 지구는 다시 수천만 년에 걸쳐 서서히 기온이 낮아지면서 장기적인 냉각기에 접어들었어요. 약 250만 년 전, 북반구 대빙기가 시작되면서 기온은 더욱 낮아졌고, 이후 추운 빙하기와 간빙기가 반복되었어요. 그리고 약 1만 년 전, 빙하기가 끝나고 간빙기가 시작되면서 오늘날 우리가 경험하는 기후가 형성되었어요.[6]

오늘날 우리는 '지구온난화'라는 말을 사용하지만, 전체 기후변화 역사를 통틀어 보면 현재는 상대적으로 추운 시기에 해당해요. 이런 사실만 보면 혼란스러울 수 있어요. 과거에 지구가 지금보다 훨씬 더 뜨거웠던 시기도 있었다고 하니, 현재의 1°C 상승쯤이야 별 문제가 아니라고 생각할 수도 있고, '지구온난화'나 '지구열대화' 같은 표현이 과도하다는 의심이 들 수도 있죠.

하지만 현재의 기온 상승은 인간 활동에 의해 매우 빠르게 이루어지고 있으며, 과거의 자연적인 온난화와는 다르다는 점을 이해하는 것이 중요해요. 최근 수십 년간의 기온상승 속도는, 인류가 지구에 존재한 이래 전례가 없던 수준이에요. 다시 말해, 우리가 지금까지 경험해보지 못한 '지구 열탕기'를 겪고 있는 셈이에요.

그래서 지구의 기온변화 역사를 자세히 들여다보지 않은 일부 사람들은, 지구가 단지 지금보다 더 뜨거웠던 시기만을 언급하며 '지구열대화'를 부정하곤 해요. '지금은 따뜻한 간빙기니까 기온이 계속 올라가는 게 당연해!', '지금보다 훨씬 더 뜨거웠던 시기에도 생명체들이 살았는걸!' 하면서 말이에요. 그러나 여기서 중요한 것은 단순히 기온이 높았던 시기가 있었다는 사실만이 아니에요. 과거의 기온 상승은 수천만 년에 걸쳐 서서히 진행되어 생명체들이 그 변화에 적응할 시간이 있었어요. 반면, 현재는 단 수십, 수백 년 만에 급격히 기온이 상승하면서 우리 인류를 포함하는 생태계 모두가 적응할 시간이 부족하다는 거예요.

지금의 '지구열대화'는 과거의 자연적 기후 변동과는 그 속도와 규모에서 확연히 다르다는 점을 인식하는 것이 중요해요. 이를 더 구체적으로 살펴보면, 과거 빙하기가 끝나고 간빙기로 전환되는 시기에는 약 5,000년에 걸쳐 지구 기온이 약 5°C 상승했어요. 그런데 반해, 최근 100년 동안 기온은 약 1°C 상승했어요.[7] 그리고 이 온난화는 거의 모든 곳에서 동시에 진행되고 있었죠. 수천 년에 걸쳐 천천히 변화해야 할 기온이 단 100년 만에 급속도로 변화하는 것은 자연적인 요인만으로는 설명할 수 없어요. 특히, 대규모 자연적 사건도 발생하지 않았고, 지구로 들어오는 태양 에너지도 오히려 감소하고 있었다는 점을 고려하면, 지금의 '지구열대화'가 단순한 자연 현상이 아니라는 것은 분명해요.

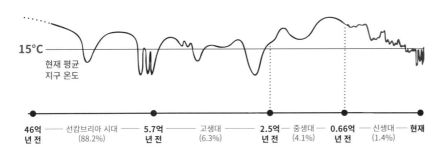

46억 년간 지구기온변화

15°C

현재 평균
지구 온도

| 46억 년 전 | 선캄브리아 시대 (88.2%) | 5.7억 년 전 | 고생대 (6.3%) | 2.5억 년 전 | 중생대 (4.1%) | 0.66억 년 전 | 신생대 (1.4%) | 현재 |

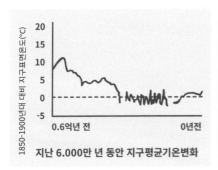

지난 6,000만 년 동안 지구평균기온변화

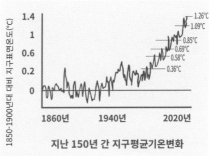

지난 150년 간 지구평균기온변화

기후변화의 원인을 밝힌 과학자들

많은 과학자들은 기후변화의 원인을 밝히기 위해 오랜 시간 노력해왔습니다. 이들은 지구의 기온이 언제부터 얼마나 상승했는지, 그리고 그 원인이 자연적인 현상인지 아니면 인간의 활동에 의한 것인지를 밝히기 위해 끊임없이 연구를 계속해왔죠.

수많은 과학자들이 데이터를 수집하고 분석한 결과, 2011년부터 2020년까지의 지구 평균 기온은 1850년부터 1900년 사이의 평균 기온보다 약 1.09℃ 상승했어요. 이는 지난 2,000년 동안 전례 없는 빠른 속도로 지구온난화가 진행되고 있음을 보여주었죠. 또한, 산업혁명 이후 화석 연료 사용의 급증, 대규모 산림 파괴, 농업 확장, 공장과 자동차의 배기가스 등으로 배출된 온실가스가 지구온난화를 가속화시키는 주요 요인으로 지목되면서, 이 현상이 자연적인 변화가 아닌 주로 인간 활동에 의해 가속화되었다는 주장에 더욱 힘이 실리게 되었어요.

기후변화의 원인을 밝히는 과정은 지금까지 발간된 기후변화에 관한 정부간 협의체(IPCC) 보고서들을 통해 명확히 드러나고 있어요. 1990년에 발간된 첫 보고서에서는 인간 활동이 지구 기후에 미치는 잠재적인 영향을 인정하면서도 구체적인 증거가 불충분하다는 입장을 보였지만, 2021년에 발간된 여섯 번째 평가 보고서에서는 인간이 기후변화를 초래하고 있다는 명백한 증거가 축적되었으며, 인간 활동이 기후변화의 주요 원인이라는 결론을 확고히 내렸어요.

이 결론에 도달하기까지 과학자들은 오랜 시간 동안 수많은 고기후 자료를 수집하고, 기후 모델을 개발하며 연구를 지속해 왔어요. 이러한 노력 덕분에 우리는 기후변화의 원인과 그 영향을 보다 정확하게 이해할 수 있게 되었어요.

지구의 평균기온은 어떻게 알 수 있을까요?

지구의 기온을 체계적으로 측정하기 시작한 것은 1850년대부터로, 생각보다 그리 오래되지는 않았어요. 세계 각국은 지상, 상공, 바다의 온도를 측정해 그 관측값을 국제 기구에 제출하고, 이 값들은 각국의 관측 시간 차이를 고려하여 조정된 후, 국제적으로 표준화된 형식으로 지구 평균기온을 발표해요. 그리고 각국의 기상청과 기후 연구 기관들은 인공위성이나 라디오존데(radiosonde)를 사용해 상공의 기온, 습도, 기압 등을 측정하고, 이를 통해 지구의 평균기온을 파악하고 있어요.

그렇다면, 기온을 직접 측정하지 않았던 1850년 이전의 기온은 어떻게 알 수 있었을까요? 과거의 기후는 빙하, 나무의 나이테, 산호초, 해양 바닥에 쌓인 퇴적물 등을 분석해서 추정할 수 있어요. 예를 들어, 수만 년 동안 반복적으로 쌓인 눈이 압축되어 빙하가 되는데, 이 빙하에는 그 시대의 공기와 기후 정보가 포함되어 있답니다. 과학자들은 이런 빙하 코어를 채취해 분석함으로써 그 시대의 대기 조성과 기후를 알아낼 수 있어요.

이렇게 과거와 현재의 기후 데이터를 종합하면, 우리는 지구의 기온 변화를 이해할 수 있게 돼요.

기후변화가 인위적 원인(인간의 활동)이라는 증거들

1. 지구기온과 태양 복사조도[8)]

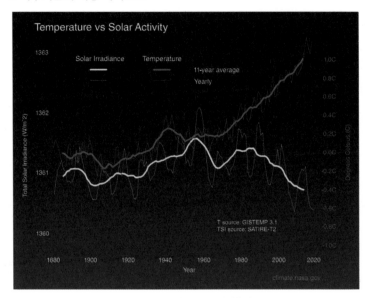

Temperature vs Solar Activity(사진출처: NASA)

지구의 기온은 주로 태양으로부터 받는 에너지에 의해 결정돼요. 그
래서 과학자들은 현재 지구온난화가 태양 활동으로 설명될 수 있는지
분석했어요. 그 결과 지구의 기온이 급격히 상승하는 동안 태양으로부
터 받는 에너지는 오히려 줄어들고 있다는 사실을 발견했어요. 이는 태
양 활동만으로는 현재의 기온 상승을 설명할 수 없다는 의미해요. 따라
서, 현재의 지구온난화는 인위적 요인에 의해 발생하고 있다는 결론이
더 설득력을 얻게 되었어요.

2. 기후모델링

1850~1900년 대비 지구 표면온도 변화

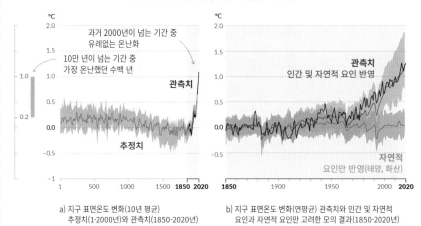

a) 지구 표면온도 변화(10년 평균)
   추정치(1-2000년)와 관측치(1850-2020년)

b) 지구 표면온도 변화(연평균) 관측치와 인간 및 자연적
   요인과 자연적 요인만 고려한 모의 결과(1850-2020년)

출처 : IPCC AR6 WG1 Summary for Policymakers, Figure SPM.1

기후모델링은 컴퓨터를 활용해 지구의 기후시스템을 시뮬레이션하는 과정이에요. 이 모델은 대기, 해양, 육지, 그리고 빙하와 같은 지구의 다양한 요소들이 서로 어떻게 상호작용하는지를 수학적으로 표현해요. 과학자들은 이 모델을 통해 지구의 기온, 강수량, 바람 등 기후 요소들이 시간에 따라 어떻게 변할지를 예측할 수 있어요.

그림에서 보이는 것처럼, 현재의 지구온난화 현상에 대해 자연적 원인(태양 활동, 화산 분화 등)만을 고려한 모델과 인위적 원인(온실가스 배출)을 포함한 모델을 비교한 결과, 현재의 기후변화는 인위적 원인을 포함한 모델과 더 일치하는 것으로 나타났어요. 이는 우리가 현재 겪고 있는 급격한 기후변화가 주로 인간의 활동에 의해 발생하고 있음을 보여주는 강력한 증거예요.

3. 산업혁명 이후 CO$_2$, CH$_4$, N$_2$O 등의 농도가 급격히 증가함

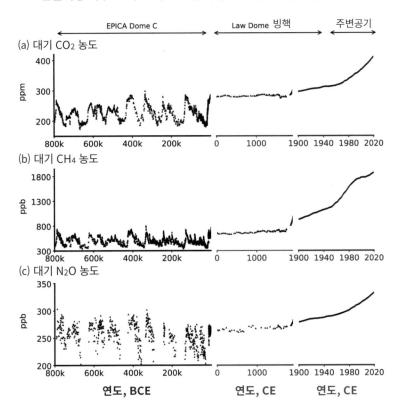

출처 : IPCC AR6 WG1 Chapter 5

　그래프에서 볼 수 있듯이, 이산화탄소(CO$_2$), 메테인(CH$_4$), 아산화질소 (N$_2$O)의 농도가 급격히 증가했어요. 이 온실가스들의 동위원소를 분석한 결과, 대부분 화석연료의 연소와 산업 활동에서 비롯되었음을 알 수 있었어요. 동위원소 분석은 특정 원소의 원자 구조를 분석해서 그 기원을 추적하는 방법으로, 이를 통해 온실가스의 증가가 주로 인간의 활동에서 비롯되었다는 사실에 더욱 힘을 실게 되었어요.

02

착한 온실가스? 나쁜 온실가스?

착한 온실가스 : 기후 조절의 필수 요소

온실가스는 영어로 'Greenhouse gases', 한자로 '온실기체(溫室氣體)' 라고 해요. 말 그대로 '공간을 따뜻하게 만드는 가스'라는 의미를 가지고 있죠. 온실가스는 공기를 구성하는 여러 기체 중에서 열을 가둘 수 있는 특별한 능력을 가진 기체들을 가리켜요. 우리가 잘 알고 있는 이산화탄소(CO_2)와 메테인(CH_4) 등이 여기에 포함되지요.

그렇다면, 이 온실가스들은 공기 중에 얼마나 포함되어 있을까요? 대략 0.1%! 놀랍게도, 공기 중 온실가스의 비율은 0.1%가 채 되지 않아요. 아주 적은 양이죠. 그런데도 이 적은 비율의 온실가스가 기후시스템에 미치는 영향은 매우 커요. 그 양이 조금만 줄어도 지구는 매우 추워지고, 반대로 조금만 많아져도 지구는 뜨거워질 수 있거든요.

태양계 행성 중에서 지구만이 생명체가 살 수 있었던 이유는 적당한 양의 온실가스 덕분이에요. 온실가스는 지구를 적절한 온도로 유지해 주어, 낮과 밤의 온도 차이를 완화시키고 지구 평균 기온을 생명체가 살기 좋은 약

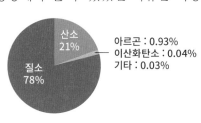

<대기의 구성성분>

15°C로 만들어 주죠.

반면, 금성은 온실가스가 너무 많아 평균 기온이 470°C까지 올라가고, 수성은 대기가 거의 없어 낮에는 온도가 430°C까지 올라갔다가 밤에는 -180°C까지 떨어져서 생명체가 살기엔 적합하지 않아요.

태.행.소, 태양계 행성을 소개합니다.

그렇다면 온실가스는 어떻게 낮과 밤 모두 지구를 따뜻하게 유지해 줄까요? 이 현상은 온실효과와 복사평형 덕분이에요.

낮 동안 지구는 태양으로부터 많은 에너지를 받아 아주 뜨거워질 것 같지만, 받은 에너지를 다시 우주로 내보내기 때문에 지구는 일정 온도 이상으로 올라가지 않아요. 이를 *복사평형이라고 해요. 그리고 밤이 되면 태양 에너지가 없어서 지구는 급격히 차가워질 것 같지만,

---

* 복사평형
지구가 태양으로부터 받아들이는 에너지와 우주로 방출하는 에너지가 균형을 이루는 상태

2050 지구사용설명서

온실가스 덕분에 그렇지 않아요. 온실가스는 지구의 지표면에서 방출되는 열의 일부를 흡수한 뒤, 다시 지표면으로 방출하기 때문에 지구를 따뜻하게 유지해 줘요. 이 과정이 바로 온실효과예요. 만약 지구에 온실가스가 없다면, 지구 평균 기온은 약 -18.5°C로 내려갈 거예요. 하지만 온실가스 덕분에 지구의 평균 기온은 약 15°C로 유지될 수 있답니다.

따라서 지구가 생명체들이 살기 좋은 온도로 유지되는 이유는 태양에서 받은 에너지와 지구가 방출하는 에너지가 균형을 이루고 온실가스가 일부 열을 가둬 적절한 온도를 유지해 주기 때문이에요.

나쁜 온실가스 : 기후위기의 주범

온실가스는 지구를 따뜻하게 유지해 생명체가 살 수 있도록 도와주는 중요한 기체예요. 그런데 언제부터 온실가스가 문제 되기 시작했을까요? 문제는 산업혁명 이후 인류가 온실가스를 지나치게 많이 배출하면서 시작되었어요. 적당한 온실가스는 지구를 따뜻하게 해주지만, 인간의 활동으로 그 양이 너무 많아지면서 지구를 뜨겁게 만들고 있습니다.

지구의 평균기온은 여러 요인에 의해 영향을 받아왔지만, 특히 온실가스가 큰 역할을 해왔어요. 초기에는 인류의 영향이 거의 없었기 때문에 자연적인 변화가 대기 중 온실가스 농도를 변화시켰어요. 예를 들어, 화산 폭발로 이산화탄소(CO_2)와 메테인(CH_4)이 방출되거나, 극지방의 얼음이 녹으면서 이산화탄소가 방출되는 등의 자연적인 사건들로 말이에요. 이러한 요인들로 인해 지난 80만 년 동안 지구의 이산화탄소 농도는 150~300ppm 사이를 오르내리며 빙하기와 간빙기를 반복했어요. 또한, 인류의 산업화 이전의 수백만 년 동안은 대체로 300ppm 이하로 유지되었어요.

그러다 약 7,000년 전, 인류가 농업을 시작하면서 대기 중 온실가스 농도가 변하기 시작했어요. 농업을 위해 숲을 베고, 가축을 기르면서 이산화탄소와 메테인을 더 많이 배출하게 되었죠. 하지만 이 변화는 비교적 천천히 일어났기 때문에 지구에 큰 영향을 미치지는 않았어요.

진짜 문제는 18세기 후반 산업혁명 때부터 시작되었어요. 사람들은 기계를 돌리기 위해 증기기관을 발명했고, 이를 작동시키기 위해 석탄을 태웠어요. 이 과정에서 엄청난 양의 이산화탄소가 대기 중으로 배출되었어요. 증기기관 덕분에 산업은 빠르게 발전했고, 사람들의 삶은 더욱 편리해졌지만, 그 대가로 대기 중 이산화탄소 농도는 급격히 증가했어요.

오늘날 우리는 산업혁명 때보다 훨씬 더 많은 온실가스를 배출하고 있어요. 자동차, 공장, 발전소 그리고 일상생활에서 배출되는 온실가스는 지구를 점점 더 뜨겁게 만들고 있죠. 현재 대기 중 이산화탄소 농도는 400ppm을 훌쩍 넘어섰고, 그로 인해 지구의 기온이 빠르게 상승하고 있어요. 현재 지구 평균 온도는 산업화 이전(1850~1900년) 대비 약 1.1℃ 높아진 상태예요. 이렇게 심화된 지구온난화는 극지방의 얼음을 빠르게 녹게 만들어 해수면 상승을 초래하고, 대기와 해양의 순환 패턴에 영향을 미쳐 이상기후 현상을 더 자주 발생시키고 있어요.

온실가스 증가 → 온실효과 증대 → 지구온난화 진행 → 기후변화 유발 → 이상기후 발생

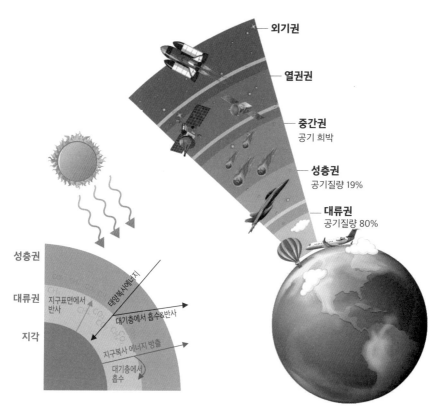

지구 대기시스템과 태양에너지

주목해야 할 6가지 온실가스

    온실가스라고 하면 가장 먼저 이산화탄소(CO_2)를 떠올리지만, 이산화탄소 외에도 여러 종류의 기체가 있어요. 온실효과를 일으키는 온실가스는 주로 두 종류 이상의 원자가 결합한 경우가 많아요. 이러한 다원자 분자들은 진동운동을 할 수 있는데, 이때 원자들이 대칭적으로 진동할 때는 적외선 에너지를 흡수하지 못하지만, 비대칭적으로 진동하면 적외선 에너지를 흡수하여 온실효과를 일으켜요. 이 현상은 탄소(C), 수소(H), 산소(O) 등의 원자들이 결합한 분자들에서 나타납니다. 예를 들어, 수증기(H_2O), 이산화탄소(CO_2), 메테인(CH_4), 아산화

공개수배						
이름	이산화탄소	메테인	아산화질소	수소불화탄소	과불화탄소	육불화황
화학식	CO_2	CH_4	N_2O	HFCs	PFCs	SF_6
수명 (체류시간)	100-300년	약 9년	120년	1년~270년	10,000~50,000년	3,200년
산업화이전 (1750년)	280ppmv	722ppbv	270ppbv	-	-	-
현재	417.9ppmv (150%증가)	1,923ppbv (266%증가)	335.8ppbv (124%증가)	4.92~62pptv	4.2~79pptv	7.79pptv
지구온난화 지수 (GWP)	1	28	265	140-11,700 (다양한 HFC 화합물에 따라 다름)	6,500-9,200 (다양한 PFC 화합물에 따라 다름)	23,900
인위적 온실가스 발생원	연료연소	폐기물매립, 벼재배, 장내발효, 탈루	농경지토양 (비료), 가축분뇨 처리, 연료연소	냉장고& 에어컨 냉매제	반도체, 액정생산 과정	반도체 액정 및 중전기기 제작 과정
전세계 온실가스 배출량 비중 (2019년기준)	75%	18%	4%	2%		
우리나라 온실가스 배출량 비중 (2021년기준)	91.4%	4.1%	2.1%	1.0%	0.5%	0.8%

질소(N_2O) 등이 온실가스에 해당돼요. 반면, 단일 원자(예: He)나 대칭적인 이원자 분자(예: O_2, N_2)는 적외선을 흡수하지 못하기 때문에 온실효과를 일으키지 않아요.

(※ 단, 오존(O_3)과 같은 일부 기체도 온실효과에 기여할 수 있어요.)

온실가스로 분류되는 수많은 기체들을 모두 측정하고 관리하는 것은 현실적으로 어려워요. 그래서 가장 많이 배출되고, 대기에 오래 머물며, 여러 나라에서 발생되는 온실가스를 우선적으로 관리하고 있어요. 아마 한번쯤 들어봤을 거예요. 지구온난화를 막기 위해 전 세계 국가들이 협력하여 1997년에 6대 온실가스를 지정했어요. 이산화탄소(CO_2), 메테인(CH_4), 아산화질소(N_2O), 수소불화탄소(HFCs), 과불화탄소(PFCs), 육불화황(SF_6)이에요.

이 온실가스들은 대기 중에 배출되었을 때 지구를 뜨겁게 만드는 능력이 서로 다르며, 그 차이를 비교하기 위해 사용되는 것이 바로 지구온난화지수(GWP)입니다. GWP는 온실가스가 열을 얼마나 흡수하고 대기 중에 얼마나 오래 머무는지를 기준으로 산정되며, 이산화탄소를 기준값(1)으로 삼아 각 가스별 온난화 정도를 숫자로 나타냈어요. 예를 들어, 메테인 1kg은 이산화탄소 28kg을 배출하는 것과 같은 열 흡수 효과를 내며, 수소불화탄소 1kg은 이산화탄소 11,700kg이 배출되는 것과 동일한 온실효과를 낼 수 있죠. 따라서, 이산화탄소뿐만 아니라 GWP가 높은 다른 온실가스들도 중요한 관리 대상으로 다루어야 해요.

GWP는 다양한 온실가스를 통일된 기준으로 비교할 때 특히 유용해요. 예를 들어, 이산화탄소를 1톤 배출하는 A기업과 메테인을 0.5톤 배출하는 B기업 중 어느 기업이 더 많은 온실가스를 배출한 걸까요? A기업이 2배 많은 양을 배출했기 때문에 A기업이 더 많이 배출한 것 같지만, 사실은 그렇지 않아요. 메테인은 이산화탄소보다 온실효과가 28배 더 크기 때문이에요.

따라서 다양한 온실가스들의 지구온난화지수를 고려해 하나의 환산단위인 '$CO_2eq.$'을 사용해 배출량을 비교하는 것이 필요해요. $CO_2eq.$는 Carbon dioxide equivalent(이산화탄소 환산량)의 줄임말로, 다양한 온실가스의 배출량을 등가의 이산화탄소 양으로 환산한 값을 의미해요. 따라서, B기업이 배출한 0.5톤의 메테인을 $CO_2eq.$으로 환산하면, 0.5톤 CH_4 * 28 = 14톤 $CO_2eq.$가 되어 B기업은 A기업보다 14배

이상 많은 온실가스를 배출한 셈이에요.

이렇게 계산해 보면, 이산화탄소 외에도 지구온난화지수(GWP)가 높은 다른 온실가스들을 감축하는 것이 얼마나 중요한지 알 수 있어요.

국제 기후협약에 따른 규제대상 온실가스

교토의정서 (1997)	교토의정서 후속회의 (2011)
이산화탄소(CO_2) 메테인(CH_4) 아산화질소(N_2O) 수소불화탄소(HFCs) 과불화탄소(PFCs) 육불화항(SF_6)	삼불화질소(NF_3)

수증기는 왜 온실가스로 포함되지 않을까?

수증기는 온실가스이긴 하지만, 규제 대상이거나 기후변화의 직접적인 원인물질로 간주되지 않아요. 그 이유는 수증기가 대기 중에 약 10일 정도만 머무르며 빠르게 순환하기 때문이에요. 대기의 온도에 따라 수증기를 품을 수 있는 능력(포화수증기압)이 달라지는데, 온도가 높아질수록 포화수증기압이 증가해 대기가 더 많은 수증기를 품을 수 있어요. 하지만 온도가 낮아져 포화수증기압이 감소하거나, 대기 중 수증기가 포화 상태를 초과하게 되면, 수증기는 구름이 되어 비나 눈으로 지표면에 떨어지게 되죠. 이후 다시 지표면에서 물이 증발하는 과정이 반복돼요. 이처럼 수증기는 대기 중에서 빠르게 순환하기 때문에, 농도가 지속적으로 높아지지 않아요. 따라서 국제적으로 온실가스를 규제할 때, 수증기는 포함되지 않는답니다.

온실가스는 어디에서 발생할까?

온실가스 설명서: 온실가스 인벤토리

게임을 해봤다면, '인벤토리'라는 단어가 익숙하실 거예요. 인벤토리는 플레이어가 모은 다양한 아이템들을 차곡차곡 저장해두는 공간이죠. 공격무기, 방어구, 회복약 등 아이템들을 보관하여 플레이어가 게임 속 세상의 모험과 퀘스트를 해결할 수 있도록 도와줘요. 그런데 마찬가지로, 지구온난화로 인한 위험과 문제를 해결하기 위해서도 '인벤토리'가 필요해요. 이것이 바로 '온실가스 인벤토리'라는 개념이에요.

게임 속 인벤토리가 다양한 아이템을 보관하고 관리하는 창고라면, '온실가스 인벤토리'는 온실가스에 대해 체계적으로 기록하고 분석해둔 창고예요. 우리는 자국 내에서 배출되는 온실가스의 양과 종류, 배출원, 그리고 흡수량까지 꼼꼼히 기록하고, 보고서 형태로 인벤토리를 작성했어요. 마치 게임에서 아이템을 분류하고 관리하듯이, 이산화탄소(CO_2), 메테인(CH_4), 아산화질소(N_2O) 같은 온실가스를 종류별로 정리하고, 그 배출원과 흡수원에 대한 정보를 기록한 거죠.

우리는 온실가스 인벤토리를 통해 다양한 정보를 얻을 수 있어요. 먼저, 어떤 산업이나 활동에서 가장 많은 온실가스를 배출하는지 파악할 수 있죠. 이를 바탕으로 정부는 효과적인 환경 정책을 세우고,

기업은 친환경적인 경영 전략을 도입할 수 있어요. 또한, 온실가스 배출량의 변화를 분석해 기후변화의 진행 상황을 이해하고, 그에 맞는 대응 방안을 마련할 수 있어요. 이처럼 온실가스 인벤토리는 단순한 기록이 아닌 기후변화를 유발하는 온실가스를 관리하고 통제하는 데 중요한 도구예요.

튜토리얼 : 온실가스 인벤토리 찾아보기

[초보자를 위한 튜토리얼]

온실가스에 대한 정보는 전문가만 알 수 있을까요? 그렇지 않아요! 우리나라의 온실가스 배출과 흡수에 대한 정보를 누구나 쉽게 확인할 수 있는 곳이 바로 '환경부 온실가스정보센터'예요. 이 웹 사이트에서는 우리나라의 온실가스와 관련된 다양한 정보를 간단하고 직관

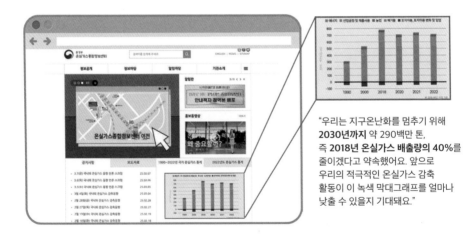

"우리는 지구온난화를 멈추기 위해 **2030년까지** 약 290백만 톤, 즉 **2018년 온실가스 배출량의 40%**를 줄이겠다고 약속했어요. 앞으로 우리의 적극적인 온실가스 감축 활동이 이 녹색 막대그래프를 얼마나 낮출 수 있을지 기대돼요."

온실가스종합정보센터 웹사이트 (2025년 3월 기준)

2050 지구사용설명서

적으로 찾아볼 수 있어요.

먼저, 메인 페이지에서는 온실가스 통계를 한눈에 볼 수 있어요. 1990년부터 배출된 온실가스를 막대그래프로 시각화해, 얼마나 배출되었는지 쉽게 이해할 수 있답니다.

[중급자를 위한 튜토리얼]

우리가 온실가스 배출 추이에 관심을 가지는 것만으로도 온실가스 문제를 해결하기 위한 첫걸음을 내딛는 셈이에요. 그러나 더 심층적인 정보가 궁금하다면 『국가 온실가스 인벤토리 보고서』를 찾아보는 것을 추천해요.

이 보고서는 매년 발간되며, 온실가스와 관련된 다양한 데이터를 제공해요. 여기에는 온실가스가 어떻게 계산되는지, 그리고 어떤 종

온실가스 인벤토리 보고서는 온실가스종합정보센터 웹사이트 내 '정보마당 > 온실가스 통계 > 국가통계' 경로에서 확인할 수 있습니다.

류의 온실가스가 어디에서 발생하는지에 대한 상세한 정보가 담겨 있어요. 예를 들어, 에너지, 산업공정, 농업, 폐기물 등 여러 부문에서 배출되는 온실가스의 양을 분석하여, 각 부문별로 어떤 온실가스가 발생하는지를 파악할 수 있어요. 그리고 자연적으로 흡수되는 온실가스에 대한 정보도 알 수 있죠.

따라서 『국가 온실가스 인벤토리 보고서』를 통해 주요 원인과 그 경향을 파악하여 효과적인 감축 방안을 마련하는 데 활용할 수 있어요.

분석하기 : 온실가스 무엇이, 어디서, 얼마나

온실가스를 가장 효과적으로 줄이려면, 배출량이 많은 곳에서 주로 배출되는 온실가스를 우선적으로 줄이는 것이 중요해요. 따라서 온실가스 인벤토리를 통해 무엇이, 어디서, 얼마나 배출되고 흡수되는지 알아보려고 해요. 이 정보를 알면, 온실가스를 줄이는 전략을 더 효과적으로 세울 수 있어요.

『국가 온실가스 인벤토리 보고서』에는 다양한 정보가 담겨 있어요. 이제, 궁금한 부분들을 질문을 통해 하나씩 알아봐요.

① 우리나라에서 배출되는 총 온실가스 양은 얼마나 되나요?

2025년 1월 환경부 발표에 따르면, 2022년 한 해 동안 우리나라에서 배출된 온실가스 양은 724백만 톤 $CO_2eq.$였어요.[9] 2018년부터 2022년까지 매년 700백만 톤 $CO_2eq.$을 훌쩍 넘는 온실가스를 계속 배출해 왔죠. 이 양은 프랑스(약 385백만 톤 $CO_2eq.$)나 영국(약 417백만 톤 $CO_2eq.$)보다 약 2배 높은 수준이에요(2022년 기준). 이를 통해 한국이 상대적으로 높은 배출량을 기록하고 있음을 알 수 있어요.

2018년 기준 우리나라의 온실가스 배출량(LULUCF 제외)은 총 7억 2,760만 톤
유엔기후변화협약(UNFCCC) 당사국 중 11위
1위 중국 128억 5,600만 톤, 2위 미국 66억 7,700만 톤, 3위 인도 30억 8,400만 톤
OECD 회원국 기준 중 5위
1위 미국 66억 7,700만 톤, 2위 일본 12억 3,800만 톤,
3위 독일 8억 5,800만 톤, 4위 캐나다 7억 2,900만 톤

② 어디에서, 어떤 온실가스가 배출되고 있나요?

온실가스 배출원은 크게 에너지, 산업공정, 농업, 폐기물 분야로 나뉘어요. 또한 관리 대상으로 지정된 온실가스로는 이산화탄소(CO_2), 메테인(CH_4), 아산화질소(N_2O), 수소불화탄소(HFCs), 과불화탄소(PFCs), 육불화황(SF_6)가 있어요. 이제, 각 분야에서 어떤 종류의 온실가스가 배출되는지 살펴볼까요?

부문별 배출량

- 에너지(86.8%): 에너지 부문은 전체 배출량의 86.8%로 가장 큰 비중을 차지해요. 주로 화석연료를 연소할 때 발생하며, 이산화탄소가 대부분을 차지해요.

- 산업공정(7.4%): 산업공정에서는 전체 배출량의 7.4%가 발생하며, 다양한 제조 과정에서 이산화탄소를 비롯한 6가지 온실가스가 모두 발생해요.

- 농업(3.2%): 농업 분야는 전체 배출량의 3.2%를 차지해요. 주로 메테인과 아산화질소가 주요 배출가스예요.

- 폐기물(2.5%): 폐기물 처리 과정에서도 온실가스가 나오는데, 전체의 2.5%를 차지해요. 주로 메테인과 이산화탄소가 발생해요.

온실가스 종류별 배출량

- 이산화탄소(CO_2) - 91.4%: 가장 많이 배출되는 온실가스로, 주로 에너지 생산 및 소비 과정에서 발생해요.

- 메테인(CH_4) - 4.1%: 농업, 폐기물 처리 및 에너지 생산 과정에서 배출돼요.

- 아산화질소(N_2O) - 2.1%: 주로 농업 활동에서 발생하고, 비료 사용과 가축 사육 과정에서 배출돼요.

- 수소불화탄소(HFCs) - 1%: 냉매(에어컨, 냉장고), 에어로졸 제품, 반도체 제조 등의 특정 산업 공정에서 사용되며, 사용 중 누출되거나 폐기 과정에서 대기 중으로 배출돼요.

- 과불화탄소(PFCs) - 0.5%: 반도체 제조(에칭 공정), 금속 가공, 전자 산업 등의 특정 공정에서 발생하며, 이 과정에서 대기 중으로 배출돼요.

- 육불화황(SF_6) - 0.8%: 전력 및 전자 산업에서 고전압 장비의 절연체로 사용되며, 사용 중 누출되거나 장비 폐기 시 대기 중으로 배출될 수 있어요.

TMI)
본 데이터는 「2022년 국가온실가스 인벤토리 보고서」를 기반으로 작성되었어요. 보고서에는 2년 전인 2020년의 온실가스 배출량 정보를 담고 있어요. 이는 배출량 통계를 확정하기까지 여러 단계를 거쳐야 하기 때문에 매년 발표되는 통계에는 항상 2년 전의 배출량 데이터를 최신으로 반영하기 때문입니다.
또한, 산정 기준이 변경되거나 기술 발전으로 인해 더 정확한 데이터를 수집될 경우, 배출량 통계는 재계산될 수 있습니다. 따라서 일부 수치는 나중에 변경될 가능성이 있음을 참고해주세요.

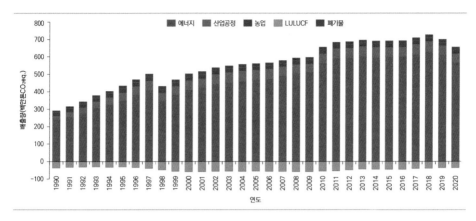

분야별 온실가스 배출량 및 흡수량(1990년-2020년)

③ 에너지 부문에선 어떤 온실가스가 배출되나요?

에너지 부문 86.8%, 569.9백만 톤 CO₂eq.

에너지 부문은 전체 온실가스 배출에서 가장 큰 비중을 차지해요. 여기에는 에너지를 생산하고 소비하는 모든 과정에서 발생하는 온실가스가 포함돼요. 예를 들어, 석탄, 석유, 천연가스 같은 연료의 연소, 생산, 처리, 이송 과정이 모두 여기에 해당하죠. 따라서 에너지 부문에서는 전기를 생산하는 발전소, 자동차·비행기·선박 같은 수송 분야, 그리고 제조업 등 에너지를 사용하는 곳에서 발생하는 온실가스를 산정해요.

우리나라의 이산화탄소(CO₂) 배출량 중 약 93%가 에너지 부문에서 발생해요. 이는 화석연료가 연소할 때 많은 양의 이산화탄소가 발생하기 때문이에요. 우리나라는 제조업 중심으로 발전한 나라로 철강,

화학, 자동차 등 에너지를 많이 소비하는 산업이 발달해 있어 에너지 부문에서의 배출 비중이 더욱 높아요.

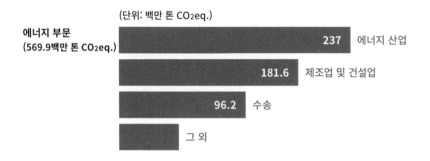

(단위: 백만 톤 CO₂eq.)

에너지 부문
(569.9백만 톤 CO₂eq.)

237 에너지 산업
181.6 제조업 및 건설업
96.2 수송
그 외

- 에너지 산업(42%) : 우리가 사용하는 최종 에너지를 만들기까지 발생하는 온실가스를 포함해요. 여기에는 발전소에서의 전기 생산 과정에서 발생하는 배출량이 주요 부분을 차지해요.
- 제조업 및 건설업(32%) : 다양한 산업 활동에서 연료를 태우며 발생하는 온실가스를 말해요. 철강, 화학, 종이, 인쇄, 건설, 섬유, 식음료 가공 등 여러 업종에서 사용된 연료의 배출량이 여기에 포함돼요.
- 수송(17%) : 도로, 철도, 항공, 해운에서 연료를 태우며 발생하는 온실가스를 말해요. 단, 국제 수송에서 발생한 온실가스는 국가 배출량에 포함되지 않고 별도로 보고해요.

④ 산업공정 부문에선 어떤 온실가스가 배출되나요?

산업공정 부문 7.4%, 48.5백만 톤 $CO_2eq.$

산업공정은 온실가스 배출원 중 두 번째로 많은 양을 배출하는 부문이에요. 공정 과정에서 투입 원료의 화학적 또는 물리적 구조가 변할 때 발생되는 온실가스를 대상으로 산정해요. 이때, 공정에서 소비되는 에너지로 인해 발생된 온실가스는 에너지 분야에서 산정한답니다.

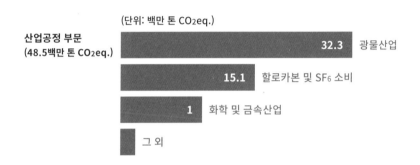

(단위: 백만 톤 $CO_2eq.$)

산업공정 부문
(48.5백만 톤 $CO_2eq.$)

32.3	광물산업
15.1	할로카본 및 SF6 소비
1	화학 및 금속산업
	그 외

- 광물산업(66.7%) : 시멘트 생산 등에서 $CaCO_3$, $MgCO_3$ 같은 광물 원료를 가공하거나 사용할 때 이산화탄소(CO_2)가 발생

시멘트 생산 공정에서의 CO_2 배출 메커니즘(탈탄산화 반응)
$$CaCO_3 + 열 \rightarrow CaO + CO_2$$
$$MgCO_3 + 열 \rightarrow MgO + CO_2$$

- 할로카본 및 SF6 소비(31.2%) : 반도체 제조 공정의 세척 과정이나 전자기기의 절연체로 사용할 때 온실가스가 배출돼요.
- 화학 및 금속 산업(2.1%) : 화학제품을 만들 때 부산물로 온실가스가 배출될 수 있어요. 예를 들어, 비료, 종이 펄프, 질산 및 질산

염, 폭발물, 냉각제 등을 생산할 때 원료의 반응 과정에서 이산화탄소가 발생할 수 있어요. 또한, 철강, 합금철, 알루미늄, 아연 같은 금속제품을 제조할 때도 이산화탄소, 과불화탄소, 육불화황 같은 온실가스가 발생해요.

⑤ 농업 부문에선 어떤 온실가스가 배출되나요?

농업 부문 3.2%, 21.1백만 톤 CO₂eq.

우리나라에서 농업 부문은 전체 온실가스 배출량의 3.2%를 차지해요. 이는 세계 농업 부문 평균인 18.4%에 비해 상대적으로 낮은 편이죠. 한국은 농업보다는 제조업 중심으로 발전해 왔기 때문이에요.

농업부문에서 배출되는 온실가스를 살펴보면 크게 축산과 농작물 재배과정에서 다양한 온실가스가 발생해요. 먼저 축산부문에서는 반추동물(예: 소, 양, 염소)의 소화 과정에서 다량의 메테인(CH_4)이 배출돼요. 이 동물들은 되새김질을 통해 셀룰로오스와 같은 식물성 섬유질을 소화하는데, 이 과정에서 위 속의 미생물이 음식물을 분해하면서 메테인을 생성해요. 또한 소 축사, 돼지우리, 닭장에서 나온 분뇨는 저산소 환경에서 아산화질소(N_2O)와 메테인을 발생시켜요.

한편, 농작물 재배 과정에서도 많은 온실가스가 발생해요. 특히 벼 재배 과정에서 많은 온실가스가 배출됩니다. 벼는 물을 가둔 논에서 자라는데, 이때 형성된 저산소 환경에서 토양의 유기물이 분해되며 메테인이 발생하죠. 이밖에도 합성질소 비료를 사용할 때 아산화질소가 발생하고, 수확 후 작물의 부산물을 태울 때도 아산화질소, 메테인이 배출된답니다.

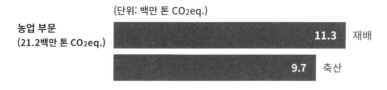

농업 부문
(21.2백만 톤 CO2eq.)

(단위: 백만 톤 CO2eq.)

11.3 재배

9.7 축산

- 재배(53.8%) : 벼 재배, 농경지 토양, 작물 잔사 소각 시 메테인과 아산화질소가 발생해요.
- 축산(46.2%) : 가축의 소화 과정과 분뇨의 분해 과정에서 메테인과 아산화질소가 발생해요.

⑥ 폐기물 부문에선 어떤 온실가스가 배출되나요?

폐기물 부문 2.5%, 16.7백만 톤 CO2eq.

우리가 물건을 만들고 소비하는 과정에서도 많은 온실가스가 배출되지만, 폐기하고 처리하는 과정에서도 메테인(CH_4), 아산화질소(N_2O), 이산화탄소(CO_2) 같은 온실가스가 발생해요. 이 중에서도 매립지, 하수처리, 폐기물 소각 과정에서 온실가스가 주로 배출돼요.

폐기물 부문은 개인의 작은 실천으로도 온실가스 배출을 크게 줄일 수 있는 영역이에요. 예를 들어, 철저한 분리배출을 통해 재활용 가능한 자원을 최대한 활용하면, 폐기물 소각과 매립으로 인한 온실가스 배출을 상당히 줄일 수 있어요. 또한, 일상의 폐기물 배출 감소 노력만으로도 폐기물 부문 전체의 온실가스 배출 감소에 크게 기여할 수 있답니다.

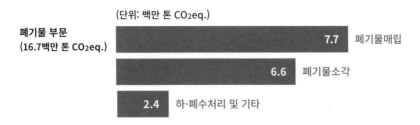

(단위: 백만 톤 CO2eq.)

폐기물 부문
(16.7백만 톤 CO2eq.)

7.7	폐기물매립
6.6	폐기물소각
2.4	하·폐수처리 및 기타

- 폐기물 매립지(46%): 폐기물 매립지에서는 폐기물 분해 과정에서 메테인과 이산화탄소가 발생해요. 하지만 ***IPCC GPG 2000** 지침에 따라, 이산화탄소는 생물기원 배출로 간주되어 탄소 순환의 일부로 포함되기 때문에 국가 배출량 산정에서는 제외되고, 메테인 배출량만 포함 돼요.
- 폐기물 소각(40%): 폐기물 소각 과정에서는 주로 이산화탄소와 아산화질소가 온실가스로 발생해요. 메테인도 발생할 수 있지만, 그 양이 적어 국가 배출량 산정에서는 제외돼요.
- 하·폐수 처리 및 기타(14%): 하수와 폐수를 혐기적으로 처리하는 과정에서는 메테인이 발생하며, 분뇨 처리 과정에서는 아산화질소가 배출돼요. 음식물쓰레기와 같은 유기성 고형 폐기물을 생물학적으로 처리할 때도 이산화탄소, 메테인, 아산화질소가 발생하지만, 매립과 폐기물이 분해되는 과정에서 배출되는 이산화탄소는 유기성 미생물에 의해 자연적으로 분해되는 현상으로 국가 배출량에 산정하지 않아요.

---

* IPCC GPG 2000(Good Practice Guidance)
온실가스 배출량을 계산하고 보고할 때 사용하는 국제적인 가이드라인입니다. 이 지침은 국가들이 온실가스 배출량을 일관되게 산정하고 비교할 수 있도록 설계되었어요. 특히 생물기원 이산화탄소(CO_2)와 같이 자연적인 순환 과정에서 발생하는 배출량은 국가의 온실가스 통계에서 제외하도록 권장하고 있답니다.

LULUCF 부문 배출량 < 흡수량

LULUCF(Land Use, Land Use Change, and Forestry)는 '토지이용, 토지이용 변화 및 임업'을 의미해요. 이 부문에서는 산림지, 농경지, 초지 등 다양한 토지에서 발생하거나 흡수되는 온실가스를 산정해요. LULUCF는 다른 부문(에너지, 산업, 농업, 폐기물)과 달리 온실가스를 배출하기도 하고 흡수하기도 하죠. 참고로 이 부문에서는 탄소를 흡수할 때는 (-)로, 배출할 때는 (+)로 기록한답니다.

우리나라의 경우, 산림에서 흡수된 이산화탄소(CO_2)는 연간 약 -40백만 톤 CO_2eq.에 달해요. 이는 총 온실가스 배출량의 약 5-6%를 상쇄하는 효과를 가져오죠. 결코 적은 양이 아니에요.

나무를 심고 산림을 보호하여 흡수량을 늘리는 것은 대기 중 온실가스 농도를 낮추는 효과적인 방법이에요. 최근에는 점점 건조한 기후로 인해 산불 위험이 높아지고 있는데, 이를 예방하고 관리하는 것 역시 현재 우리가 할 수 있는 중요한 대응 방법 중 하나라고 할 수 있어요.

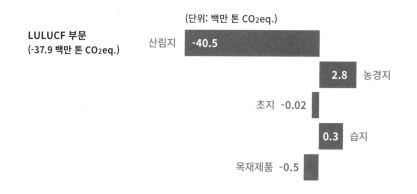

(단위: 백만 톤 CO_2eq.)

LULUCF 부문
(-37.9 백만 톤 CO_2eq.)

산림지	-40.5
농경지	2.8
초지	-0.02
습지	0.3
목재제품	-0.5

온실가스 총 배출량과 순 배출량은 무엇이 다른가요?

온실가스 총 배출량과 순 배출량은 비슷해 보이지만, 실제로는 다른 의미를 가지고 있어요.

온실가스 총 배출량은 특정 기간 동안 한 나라나 지역에서 배출된 모든 온실가스의 양을 의미해요. 여기에는 에너지, 산업, 농업, 폐기물 등 모든 부문에서 발생한 온실가스가 포함돼요. 예를 들어, 공장에서 발생하는 이산화탄소(CO_2), 소의 소화 과정에서 발생하는 메테인(CH_4), 비료 사용으로 인한 아산화질소(N_2O) 등이 이에 해당하죠.

온실가스 순 배출량은 총 배출량에서 흡수되거나 제거된 온실가스를 제외한 값을 뜻해요. 흡수량은 주로 산림, 토양, 습지 등이 대기 중의 이산화탄소를 흡수하는 양을 말해요. 예를 들어, 나무는 광합성을 통해 이산화탄소를 흡수하고 산소(O_2)를 방출하는데, 산림이 많을수록 더 많은 이산화탄소를 흡수할 수 있죠. 또한, 탄소 포집·활용·저장(CCUS) 기술을 활용해 대기 중의 온실가스를 제거하는 양도 순 배출량에 반영돼요.

총 배출량 = 배출한 온실가스양
순 배출량 = 총 배출량 - 흡수·제거한 온실가스양 ···➤ 실제 대기 중 남은 온실가스양

따라서, 온실가스 배출을 줄이기 위해서는 총 배출량을 줄이는 것뿐 아니라, 흡수량과 제거량을 늘리는 것도 중요해요. 예를 들어, 산림을 보존하거나 나무를 많이 심는 것은 흡수량을 늘리는 좋은 방법이죠.

총 배출량과 순 배출량을 이해하는 것은 우리가 온실가스를 줄이기 위한 전략을 세울 때 매우 중요해요. 이는 온실가스 배출 자체를 줄이는 데 집중할지, 아니면 이미 배출된 온실가스를 흡수하고 제거하는 데 더 많은 노력을 기울일지를 결정하는 데 중요한 기준이 되기 때문이에요.

전략짜기 : 온실가스 감축방법

우리는 앞서 '온실가스 인벤토리'를 통해 어떤 종류의 온실가스가 많이 배출되는지 알아봤어요. 이제 이 정보를 바탕으로 효과적인 감축 방법들을 구축하고 실행에 옮길 차례예요.

온실가스 감축 노력은 단순히 환경 문제를 해결하는 것을 넘어, 지속가능한 발전을 이루기 위한 중요한 시작점이기도 해요. 지금까지 우리가 발전해 온 방식만으로는 미래의 지구 환경과 인류의 지속가능한 생존을 보장할 수 없기 때문이에요. 이 과정에서 사회의 여러 분야는 지속가능한 발전을 위해 자연스럽게 변화를 맞이하게 될 거예요.

따라서 우리는 앞으로 이 변화를 이해하고 그에 맞는 준비를 해야 해요. 새로운 세상을 만들어갈 준비와 변화된 세상에 적응할 노력이 필요하죠. 이를 통해 우리 모두 지속가능한 미래를 함께 만들어갈 수 있을 거예요.

온실가스 배출원	온실가스 발생원인	온실가스 감축방법
에너지	화석연료 연소를 통한 온실가스 발생	친환경에너지로 전환 ex. 신재생에너지
산업	제품 원료에서 화학적, 물리적 공정을 통해 온실가스 발생	규제와 인센티브를 통해 기업에서 온실가스 자체 감축 노력하도록 지원
농업	농산물 재배와 가축사육과정에서 온실가스 발생	저탄소/스마트 농업기술 개발
폐기물	쓰레기의 매립, 소각, 처리과정에서 온실가스 발생	·폐기물을 유용한 물질로 전환하거나 에너지로 재사용 ·재활용되지 못하는 폐기물은 친환경적인 방법으로 처리

생각하기&답하기

기후변화 원인과 해결책 찾기 <지구온난화? 지구열대화>를 마치며, 이제 우리 주변에서 배출되고 있는 온실가스를 떠올려보고 이를 어떻게 감축시킬 수 있는지 고민하는 시간을 가져봅시다.

Q **일상생활에서 온실가스를 많이 배출하는 부분은 어디일까요?**
(자신의 하루 일과를 되돌아보며, 최대한 구체적으로 생각해보세요.)

A
나는 컴퓨터 전원을 끄지 않고 항상 켜두는 습관이 있다. 그로 인해 전력 사용량이 늘어나면서 불필요한 온실가스도 배출되고 있었다.

그렇다면, 온실가스를 줄이기 위해 어떤 실천을 할 수 있을까요?

A

앞으로는 컴퓨터를 사용하지 않을 때 반드시 전원을 꺼두고, 다른 전자기기들도 대기 전력을 차단하기 위해 노력해야겠다. 자주 사용하지 않는 전자기기는 콘센트를 뽑아두거나, 대기전력을 자동으로 차단해주는 콘센트를 사용해봐야겠다. 이렇게 하면 전기세도 절약하고, 온실가스 배출도 줄일 수 있을 것 같다.

정리하며

우리가 2장에서 살펴본 것처럼, 현재의 기후변화는 인간이 과도하게 배출한 온실가스로 인해 발생한 것임이 분명합니다. 그래서 우리는 온실가스가 어디에서 얼마나 배출되는지 조사하고, 이를 체계적으로 정리하기 위해 온실가스 인벤토리를 작성해왔습니다.

그렇다면 앞으로 우리는 어떻게 온실가스를 줄여나갈 수 있을까요?
이를 위해 어떤 사회적 합의와 약속, 그리고 변화가 필요할까요?
점점 심각해지는 기후변화를 막기 위해 우리는 어떤 노력을 해야 할까요?

다음 3장 <미래를 위한 모두의 약속, 탄소중립>에서는 이러한 질문에 대한 희망적인 답을 찾아가 보려고 합니다. 기후변화를 막기 위해 우리가 해온 노력들, 설정한 목표, 그리고 앞으로 우리 사회가 어떻게 변화해 나갈지에 대해 자세히 알아보겠습니다.

01 | 언제부터 탄소중립은 시작되었을까?
　　탄소중립의 역사적 배경
　　탄소중립의 시작
　　2050년까지 탄소중립을 해야 하는 이유
　　COP와 우리의 미래 이야기

02 | 어떻게 탄소중립을 할 수 있을까?
　　탄소중립이란 무엇인가요
　　생활 속 탄소중립
　　한국의 탄소중립 선언과 목표
　　탄소중립 전략

03 | 무엇이 탄소중립으로 바뀔까?
　　우리가 소비하는 에너지
　　우리가 사용하는 물건
　　우리가 살고 있는 건물
　　우리가 타는 수송수단
　　우리가 먹는 음식
　　우리가 버리는 쓰레기
　　바다와 숲을 통해 흡수되는 탄소
　　2050년, 드디어 탄소중립

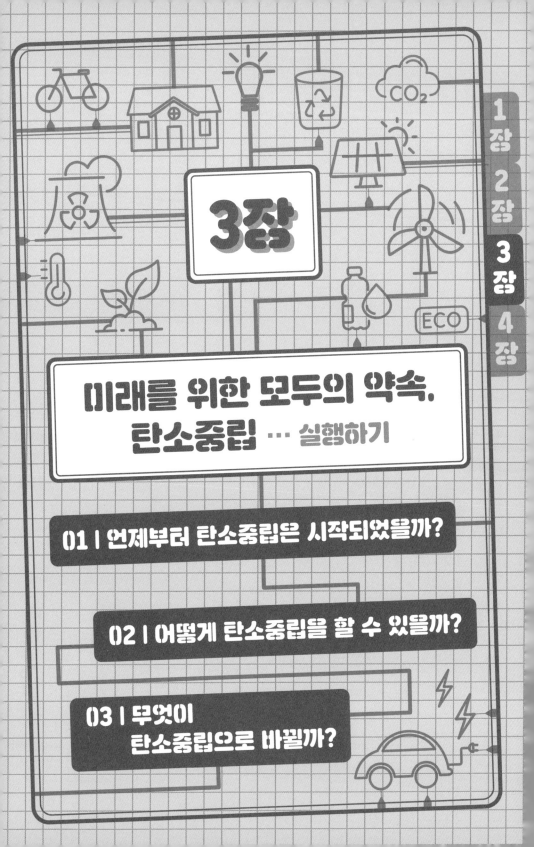

3장

미래를 위한 모두의 약속, 탄소중립 ··· 실행하기

01 | 언제부터 탄소중립은 시작되었을까?

02 | 어떻게 탄소중립을 할 수 있을까?

03 | 무엇이 탄소중립으로 바뀔까?

3장

–

미래를 위한 모두의 약속, 탄소중립

　환경과 기후가 눈에 띄게 변화하면서, 많은 사람들은 그 심각성을 인식하고, 무언가 해야겠다는 필요성을 느끼고 있어요. 그래서 일회용품 사용을 줄이기 위해 텀블러를 사용하거나, 분리배출을 철저히 하는 등 소비 습관과 라이프스타일을 친환경적으로 바꾸려는 노력을 하고 있죠. 하지만 가끔은 개인적인 실천만으로는 기후변화 문제를 해결하는 데 한계가 있다는 생각이 들어요. 분리배출을 열심히 했지만 실제 재활용률이 낮다는 뉴스를 접하거나, 주변에서 여전히 일회용품을 무분별하게 사용하는 모습을 보면, 내가 하는 노력이 얼마나 효과가 있을지 회의감이 들거든요.

그래서 이제는 개인의 노력뿐만 아니라, 사회 전체가 함께 변화를 이끌어갈 제도적 개선과 친환경 사회구조의 구축이 절실하다는 인식이 확산되고 있어요. 정부, 기업, 그리고 사회 전반에 걸쳐 환경에 대한 더 큰 책임을 요구하는 목소리도 커지고 있죠. 이러한 시대적 요구에 부응하여, 전 세계적으로 기후변화에 대응하기 위한 정책 변화와 기술 발전이 빠르게 추진되고 있어요. 우리나라를 포함한 여러 국가들은 2050년까지(일부 국가는 2060년 이후) 대기 중 순 온실가스 배출량을 0으로 만드는 '탄소중립' 목표를 설정하고, 이를 위해 다양한 노력을 기울이고 있어요. 이 목표를 달성한다면, 기후위기 속에서도 인류가 살아남을 수 있는 희망이 될 거예요.

　현재는 탄소중립이라는 새로운 세상으로 전환하기 위해 초석을 다지는 중요한 시기예요. 그래서 가끔은 기술과 정책 그리고 사회 규제가 아직 불안정하고 혼란스러울 수 있어요. 상황에 따라 정부의 정책 방향이 바뀌기도 하죠. 재생에너지 확대와 그린 산업 육성에 중점을 둔 정책을 펼치기도 하고, 에너지 안보과 경제 성장의 필요성을 반영해 원자력과 재생에너지를 활용하는 정책을 추진하기도 해요. 그러나 어떤 정책이든 이는 서로 다른 접근 방식일 뿐, 2050년 탄소중립에 도달하는 최종 목표를 공유하고 있다는 점은 변하지 않아요. 따라서 우리는 이 과도기적 시기에 발생할 수 있는 시행착오를 줄이고, 탄소중립으로의 전환을 더 빠르고 안정적으로 이루기 위해 모두의 관심과 협력이 필요해요.

　앞으로 우리는 '탄소중립'이라는 새로운 세상을 그려나가는 과정에서 어떤 가치를 최우선으로 두고, 어떤 부분은 양보해야 할지에 대한 논의가 필요해요. 환경, 사회 그리고 국가가 모두 건강하게 발전할 수 있는 길을 찾기 위해서죠. 혹시 아직까지도 기후변화 위기를 실감하지 못하거나, 탄소중립의 필요성을 크게 느끼지 못하는 사람이 있더라도 한 가지는 분명해요. 기후변화 대응은 이제 선택이 아닌 필수이며, 우리가 살아갈 세상의 새로운 기준이 되었어요.

지금까지 인류는 자원을 낭비하고 환경을 희생시키며 발전해 왔지만, 이제는 더 이상 지속할 수 없는 한계에 도달했어요. 많은 국가들이 이러한 문제를 인식하며, 환경을 보호하면서도 경제와 사회 구조를 근본적으로 변화시키려는 다양한 정책을 추진하고 있어요. 앞으로 우리가 살아갈 세상은 사회 구조, 산업 전반, 일자리 환경, 교육 시스템, 기술 혁신, 생활 방식 등 모든 영역에서 큰 변화를 맞이할 것으로 보여요.

현재 우리는 이미 탄소중립과 지속가능한 미래를 향한 중요한 전환점에 서 있어요. 세상이 빠르게 변하고 있는 만큼, 우리도 적응하고 변화한다면 더 나은 미래를 만들어갈 수 있을 거예요.

"언제부터 탄소중립은 시작되었을까?"에서는 기후변화에 대응하기 위한 국제사회의 노력들, 탄소중립이 등장하게 된 배경, 그리고 우리가 왜 2050년까지 탄소중립을 달성해야 하는지를 알아볼 거예요. 그리고 "어떻게 탄소중립을 할 수 있을까?"에서는 탄소중립의 개념을 더 깊이 이해하고, 우리나라의 목표와 전략, 그리고 이를 실현하기 위한 과정을 살펴볼 거예요. 마지막으로, "무엇이 탄소중립으로 바뀔까?"에서는 2050년 탄소중립 실현을 위한 노력이 우리 사회에 어떤 변화를 가져오고 있는지를 확인하며, 탄소중립이 우리의 삶에 미칠 영향을 들여다볼 거예요.

1장 <체감하기>, 2장 <원인과 해결책 찾기>에 이어 **3장 <실행하기>**에서는 기후변화 위기로부터 우리를 구할 '탄소중립'에 주목하며, '나'와 '사회'가 어떻게 적응하고 이를 실행해 나아가야 할지 함께 고민해보는 장입니다. 탄소중립이 세상을 어떻게 변화시키고 발전시킬지 이해한다면, 환경 문제 해결은 물론, 개인에게도 새로운 기회와 가능성을 열어줄 거예요.

언제부터 탄소중립은 시작되었을까?

탄소중립의 역사적 배경

기후위기 속에서 탄소중립이라는 국제적 목표가 설정되기까지, 수많은 과학자들의 연구와 그에 따른 경고, 그리고 국제사회의 협력이라는 과정이 있었어요. 과학적 연구를 통해 온실가스 배출이 기후변화의 주요 원인임이 증명되었고, 이에 따라 문제 해결을 위한 공동의 노력을 본격적으로 시작했죠. 탄소중립은 국제사회에서 기후변화 대응의 핵심 목표로 채택되었으며, 오늘날 전 세계가 함께 달성해야 할 중요한 과제로 주목받고 있어요.

[과학자들, 지구온난화를 경고하다]

1800년대, 대기 속 기체가 열을 가둔다는 온실효과 이론을 시작으로 과학자들은 100년이 넘는 시간 동안 이산화탄소가 지구에 미치는 영향을 연구하고 그 위험성을 경고해왔어요. 1900년대에는 여러 과학자들이 이산화탄소 농도 증가가 지구온도를 상승시킬 거라는 연구 결과를 발표했고, 1988년대 들어와서는 미국 항공 우주국(NASA)의 과학자 제임스 한센 박사가 미국 의회에서 기후변화의 심각성에 대해 증언하면서 지구온난화 문제가 국제적 주목을 받게 되었어요. 과학자들의 꾸준한 연구와 발견 덕분에, 온실가스 배출이 기후변화의 주요 원인이라는 과학적 합의가 형성되기 시작하면서, 이 사실은 미국과 유럽을 중심으로 국제사회의 큰 이슈로 다뤄지게 되었어요.

[국제사회, 기후변화에 맞서다]

많은 이들의 노력으로 지구온난화에 대한 경각심이 확산되면서, 국제사회에서는 이에 대응하기 위한 공동의 노력이 필요하다는 목소리가 커졌어요. 기후변화와 같은 전 지구적인 문제는 개별 국가의 노력만으로는 해결할 수 없었기 때문이에요. 그래서 국제사회는 협력할 기구를 만들고, 공동의 목표가 담긴 협약을 체결하며, 매년 총회를 열어 의논하기 시작했어요.

1988년, 유엔환경계획(UNEP)과 세계기상기구(WMO)는 기후변화에 관한 과학적 평가와 정보를 제공하기 위해 기후변화에 관한 정부간 협의체(IPCC)라는 국제기구를 설립하였어요. IPCC에서는 기후변화의 원인, 영향, 미래 전망, 완화 및 적응 방안에 대해 종합적인 평가보고서를 발간하며, 전 세계 정책 입안자들에게 과학적 근거를 바탕으로 한 정보를 제공하는 역할을 하고 있어요.

이어 1992년, 브라질에서 열린 유엔환경개발회의(UNCED)에서는 기후변화에 대처하고 온실가스를 줄이기 위한 국제조약인 유엔기후변화협약(UNFCCC)를 체결했어요. 당시 150여 개국과 유럽연합이 이 협약에 가입했으며, 현재는 거의 모든 국가가 참여해 190여 개국이 협약에 가입해 있어요.

UNFCCC에 가입한 국가들은 매년 모여서 유엔기후변화협약 당사국총회(COP)라는 기후 정상회의를 열어 기후변화에 대한 대책을 논의하고 있어요. 우리가 뉴스나 책에서 한 번쯤 들어봤을 법한 교토의정서(1997년, COP3)와 파리협정(2015년, COP21)도 이 회의에서 결정된 중요한 협약들이죠. COP는 1995년부터 지금까지 매년 이어져 오고 있으며, 이 총회에서 결정된 사항들과 소식들은 TV 뉴스, 유튜브, SNS 등 다양한 미디어를 통해 쉽게 접할 수 있어요.

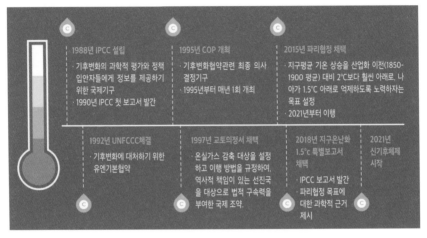

탄소중립을 향한 국제 사회의 발자취

더 알아보기

기후변화를 연구한 과학자들[1]

1824 - 조제프 푸리에 (Joseph Fourier)

· 태양 복사에너지가 지구 표면을 데운 뒤, 대기가 표면에서 방출된 열 (적외선)을 흡수하고 재방출하여 지구를 따뜻하게 만든다는 온실효과의 개념을 제시

· 온실효과의 초기 개념을 설명한 과학자

1856 - 유니스 뉴턴 푸트 (Eunice Newton Foote)

· 이산화탄소와 수증기가 열을 흡수하여 지구온난화에 기여할 수 있다는 실험 결과를 발표

· 온실효과와 이산화탄소의 역할에 대해 실험적으로 연구한 과학자

1896 - 스반테 아레니우스 (Svante Arrhenius)

· 이산화탄소 배출이 지구 기온 상승에 미치는 영향을 정량적으로 계산한 논문을 발표

· 지구온난화의 이론적 기초를 제공한 과학자

1938 - 가이 캘린더 (Guy Callendar)

· 이산화탄소 농도 증가가 지구 온도를 상승시키고 있다는 사실을 관측 데이터를 통해 증명

· 이산화탄소와 기온 상승 사이의 상관관계를 처음으로 체계적으로 연구한 과학자

1958 - 찰스 데이비드 킬링 (Charles David Keeling)

· 하와이의 마우나로아 관측소에서 대기 중 이산화탄소 농도를 정기적으로 측정

· '킬링 곡선'을 통해 이산화탄소 농도의 증가를 증명한 과학자

1979 - 월리스 브로커 (Wallace Broecker)

· 「기후변화: 우리는 확연한 지구온난화 직전에 있는가?」라는 논문을

통해 지구 기후시스템의 민감성과 변화 가능성을 강조

· '기후변화'라는 용어를 널리 알린 과학자

1988 - 제임스 한센 (James Hansen)

· 미국 의회에서 기후변화의 심각성에 대해 증언하며, 기후 모델을 통해 온실가스가 기후에 미치는 영향을 설명

· 기후변화 문제에 대한 대중과 정책 입안자들의 관심을 높인 과학자

찰스 데이비드 킬링박사(1928~2005년)

아래의 그래프는 킬링 곡선(Keeling Curve)이라고 해요. 지구 대기의 이산화탄소 농도를 1958년부터 최근까지 보여주는 데이터이죠. 이 그래프를 보면, 지난 수십 년 동안 이산화탄소 농도가 꾸준히 증가하고 있음을 알 수 있어요. 그래프가 톱니바퀴처럼 오르락내리락하는 이유는 계절적 요인 때문인데, 이는 주로 북반구의 여름과 겨울 동안 식물의 광합성 활동 차이에 의해 이산화탄소 농도가 낮아지거나 높아지기 때문이에요. 킬링 곡선은 대기 중 이산화탄소 농도의 지속적인 증가를 경고하는 중요한 지표로, 기후변화의 심각성을 시사해요.

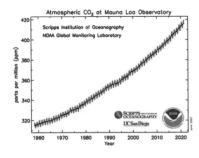

TMI)

여름에는 식물들이 활발하게 광합성을 하면서 대기 중의 이산화탄소를 흡수하게 되어 이산화탄소 농도가 낮아지게 되는 반면, 겨울에는 식물들의 광합성 활동이 줄어들어 이산화탄소 흡수량이 상대적으로 감소하게 돼요.

탄소중립의 시작

1995년 독일 베를린에서 시작된 당사국총회(COP)는 전 세계 국가 대표들이 모여 기후변화를 대응하기 위한 방안을 논의하고 구체적인 전략을 수립하는 국제회의에요. 이 총회에서는 온실가스 감축 방안, 기후변화에 대한 책임 분담, 기후변화로 인한 피해 완화, 그리고 기후변화 적응방안 등 다양한 의제를 다루고 있어요. 30년 가까이 이어져 온 COP 중에서도 특히 주목할 만한 몇 차례의 총회가 있었는데, 그중에서도 1997년에 열린 제3차 COP(COP3)와 제21차 COP(COP21)는 기후변화 대응에서 역사적으로 중요한 회의라고 할 수 있어요. COP3에서 채택된 교토의정서와 COP21에서 채택된 파리협정은 중·고등학교 교과서에도 실릴 만큼, 국제 협력을 이루어낸 중요한 배경을 담고 있답니다.

1992년, 150여 개국이 지구온난화를 막기 위해 '유엔기후변화협약(UNFCCC)'을 체결했지만, 보다 구체적이고 체계적인 대응이 필요했어요. 많은 국가들이 기후변화 문제를 함께 해결하겠다는 의지는 있었지만, 이를 국가 차원에서 구체적인 계획으로 실행할 명확한 목표가 부족했어요. 이에 따라 1997년 일본 교토에 다시 모인 회원국들은 구체적인 목표와 실행 방안을 담은 「교토의정서(Kyoto Protocol)」를 채택했어요. 이 의정서에는 온실가스 감축을 위한 경제적 매커니즘과 함께, 지구온난화의 주요 원인으로 지목된 6대 온실가스가 포함되었어요. 또한, 38개 선진국에게 온실가스 감축 의무를 부여했는데, 이는 산업화 과정에서 다량의 온실가스를 배출한 선진국들에게 차별화된 책임을 묻기 위해서였어요. 이로써 교토의정서를 통해 온실가스 감축에 대한 본격적인 이행과 책임 요구가 시작된 거예요.

하지만 이 과정은 순탄하지 않았어요. 세계 최대의 온실가스 배출

국인 미국은 자국 경제에 부담이 된다는 이유로 교토의정서를 비준하지 않았고, 온실가스를 많이 배출하는 중국과 인도는 개발도상국이라는 이유로 감축 의무에서 면제되었어요. 그 결과, 남은 선진국들만 온실가스 감축 의무를 부담하게 되면서 기후변화를 적극적으로 해결하자는 국제사회의 처음 약속과는 다른 아쉬운 방향으로 상황이 전개되었어요. 결국, 온실가스를 많이 배출하며 경제 성장을 이룬 선진국들과 이제 막 경제 성장을 시작한 개발도상국 간의 갈등으로 교토의정서는 원동력을 잃게 되었어요.

이러한 문제점들은 이후 기후변화 대응 협약에서 중요한 교훈으로 작용했고, 2015년 프랑스 파리에서 열린 COP21에서는 교토의정서 종료 이후를 대비하기 위해, 선진국과 개도국이 모두 온실가스 감축에 참여하는 새로운 목표를 담은 파리협정(Paris Agreement)을 채택했어요. 이로써 다 함께 목표를 세우고, 함께 노력하는 신(新) 기후체제를 출범하게 된 것이에요.

				파리협정 채택		파리협정 이행
1997	2008	2012	2013	2015	2020	2021

교토의정서   교토의정서 제 1차 공약   교토의정서 제 2차 공약기간
채택   기간 (5년)   (8년)

[모두의 약속, 파리협정과 탄소중립]

'온실가스 배출량 감축'을 목표로 했던 교토의정서와 달리, 파리협정의 목표는 더 구체적으로 설정되었어요. 그것은 '산업화 이전 대비 지구 평균기온 상승을 2°C보다 훨씬 아래로 유지하고, 나아가 1.5°C

이하로 제한하기 위해 노력하는 것'이었어요. 이는 지구 평균기온이 2°C를 초과할 경우 전 세계가 심각한 위험에 빠질 것이라는 데 모두 동의했기 때문이에요. 기후위기가 더 심각해지고 있음을 체감하던 당사국들은, 더욱 적극적으로 대응해야겠다는 공감대를 형성하며, 신(新) 기후체제를 마련하기 위해 함께 협력했어요.

파리협정은 모든 국가가 자발적으로 기후변화에 대응할 수 있도록 유도했어요. 당사국들은 자국의 여건과 역량을 고려하여 온실가스 감축 목표를 스스로 설정한 국가결정기여(NDC)와 지구평균기온 상승을 억제하기 위한 목표와 계획을 담은 장기저탄소발전전략(LEDS)을 2020년까지 제출하기로 합의했어요. LEDS는 국가가 온실가스를 감축하면서도 동시에 발전을 지속할 수 있는 장기적인 비전을 담았다면, NDC는 그 과정에서 반드시 달성해야할 중·단기적 온실가스 감축 목표라고 볼 수 있어요. 또한, NDC는 2020년부터 매 5년마다 갱신해 제출해야 하며, 이행 과정도 지속적으로 평가받아야 하기 때문에 국가들은 기후변화 대응에 더욱 적극적으로 나서게 되었어요.

파리협정 이후 국제사회는, 각국이 자율적으로 결정하는 NDC 와 LEDS에 더 높은 목표를 설정하도록 독려하며, 기후변화 대응을 강화하기 위한 노력을 지속해 왔어요. 이런 분위기 속에서, 2019년 9월 안토니우 구테흐스 UN 사무총장은 유엔 기후행동 정상회의(UN Climate Action Summit)를 개최해 기후변화에 대한 전 세계적인 관심을 높이고, 각국이 더 야심 찬 기후변화 대응 목표를 세우도록 촉구했어요. 이 회의에서는 지구 평균 온도 상승을 1.5°C 이하로 억제하기 위해 온실가스 순 배출량을 0으로 만드는 '탄소중립' 목표가 강조되었고, 이를 이행하기 위한 구체적인 실행 방안이 필요하다는 점이 강조되었어요.

이러한 노력 덕분에 여러 국가와 기업들이 2050년까지 탄소중립을 달성하겠다는 목표를 세웠고, 이는 기후변화 대응 전략을 강화하는 중요한 계기가 되었어요. 특히 2019년 말에 열린 COP25에서는 '기후목표 상향동맹(Climate Ambition Alliance)'이 발족되어, 탄소중립을 지향하는 국가와 기업 등을 결집시키며 탄소중립 선언은 전 세계로 확산되었어요. 2019년에는 EU, 2020년에는 중국, 일본, 한국, 그리고 2021년에는 미국이 각각 2050년(중국은 2060년)까지 탄소중립 달성을 선언하였으며 현재까지 약 140여 개국이 탄소중립을 선언한 상태에요.[2]

국제협력 타임라인[3]

1985	오존층 보호를 위한 비엔나협약	• 오존층 파괴로 인해 인류를 보호하기 위해 만들어진 국제협약
1988	IPCC 설립	• 기후변화에 관한 정부간 협의체(IPCC)는 기후변화 문제에 대처하기 위해 세계기상기구(WMO)와 유엔환경계획(UNEP)이 1988년에 공동 설립한 국제기구로, 기후변화에 관한 과학적 규명에 기여함. • 전세계 과학자가 참여·발간하는 IPCC 평가보고서(AR)는 기후변화의 과학적 근거와 정책방향을 제시하며, 유엔 기후변화협약(UNFCCC)에서 정부간 협상의 근거자료로 활용됨. • IPCC보고서 발간과 기후변화 협상진전 　- 제1차 평가보고서(1990) → UNFCCC 채택(1992) 　- 제2차 평가보고서(1995) → 교토의정서 채택(1997) 　- 제3차 평가보고서(2001) → 교토의정서 이행을 위한 마라케시합의문 채택(2001)

		– 제4차 평가보고서(2007) → post-2012 체제 협상을 위한 발리로드맵 채택(2007) – 제5차 평가보고서(2014) → 파리협정 채택(2015) – 제6차 평가보고서(2023) → 파리협정의 첫 전 지구적 이행점검(1st Global Stocktake)의 투입자료로 활용(2023)
1992	UNFCCC 체결	• 브라질 리우데자네이루에서 열린 유엔환경개발회의(UNCED)에서 154개 당사국에 의해 공식 채택 • 1993.12 우리나라 가입 • 1994.03 기후변화협약.발효

1995년~ 매년 COP 개최			
1995	COP 1	독일 베를린	첫 '당사국 총회 '

.
.

1997	COP 3	일본 교토	• 교토의정서 채택 #6대온실가스 #청정개발체제(CDM) #공동이행제도(JI) #배출권 거래제도(ET) *선진국(Annex I 국가)에게만 감축의무부여 1차기간 : 2008~2012년 (1990년 배출량 대비 평균 5.2% 감축) 2차기간 : 2013~2020년 (1990년 배출량 대비 평균 18%감축)
2015	COP 21	프랑스 파리	• 파리협정 채택 • 新기후체제 도입 #1.5℃제한 #NDC #LEDS • 지구 기온 상승을 2℃ 이하로 억제하고, 1.5℃ 이내로 유지하기 위해 노력 • 선진국 중심 체제를 넘어 모든 국가가 참여하는 보편적 기후변화 체제로 전환 • 교토의정서 만료 후 이를 대체하는 기후변화 대응 협약으로, 신기후체제가 시작됨

2050년까지 탄소중립을 해야 하는 이유

파리협정의 목표는 '산업화 이전 대비 지구 평균기온 상승을 2℃보다 훨씬 아래로 유지하고, 나아가 1.5℃ 이하로 제한하기 위해 노력하는 것'이었어요. 그런데 왜 지구 평균기온이 1.5℃ 이상 상승하면 안 되는 걸까요? 1.5℃와 2℃, 이 0.5℃의 차이가 과연 어떤 영향을 미칠 수 있을까요?

IPCC는 1.5℃와 2℃ 온난화에 따른 기후변화 전망과 인류의 삶에 미치는 영향을 연구했어요. 그리고 1.5℃와 2℃ 사이의 불과 0.5℃의 차이는 인류에게 돌이킬 수 없는 변화나 극단적인 영향을 맞이할 수 있는 임계점이 될 수 있다고 경고했죠.

먼저, 지구 평균기온이 상승할수록 폭염, 가뭄, 폭우 같은 극단적인 날씨 현상은 더 빈번하고 강력해질 거예요. 1.5℃ 온난화에 도달하면 중위도 지역에서는 산업화 이전과 대비해 약 3.0℃까지 상승할 것으로 예상되지만, 2.0℃ 온난화에 도달하면 약 4.0℃까지 상승할 것으로 예측돼요. 특히 도시 열섬 현상으로 인해 폭염은 더욱 심화될 수 있어요. 이는 식중독, 다양한 온열질환, 말라리아와 뎅기열 같은 감염병의 위험을 증가시킬 가능성이 있어요.

폭염뿐만 아니라, 다른 극단적인 날씨 현상들도 1.5℃ 온난화보다 2.0℃ 온난화에서 더욱 심각해질 거예요. 2.0℃ 온난화에서는 전 세계적으로 집중호우가 더 빈번해져 홍수 피해가 커질 가능성이 높아져요. 이로 인해 주거지와 인프라가 파괴되고, 수질 오염과 전염병 확산의 위험도 증가할 수 있죠. 반면, 일부 지역에서는 강수량이 급격히 줄어들어 심각한 가뭄에 직면할 수 있어요. 이러한 홍수와 가뭄의 발생은 농업 생산성을 저하시켜 곡물 수확량 감소와 식량 부족 문제를 야기하고, 물 부족을 겪는 세계 인구 비율도 증가시킬 수 있어요. 하지만 기온 상승을 1.5℃로 억제하면 복합적인 기후 피해를 크게 줄일 수 있고, 2.0℃ 온난화에 비해 물 부족을 겪는 인구가 최대 50% 줄어들 것으로 예상돼요.

폭염, 홍수, 가뭄, 물 부족 외에도, 지구온난화가 가져오는 또 다른 심각한 영향은 해수면 상승과 생태계 파괴예요. 2100년까지의 평균 해수면 상승폭이 1.5℃ 온난화보다 2℃ 온난화에서 약 0.1m 더 높을 것으로 예상돼요. 이 0.1m의 차이는 약 1천만 명을 해수면 상승의 위험에서 벗어나게 할 수 있어요. 또한, 해수면 상승으로 저지대 지역과 섬나라에서 침수 위험이 커지면서 대규모 이주가 발생할 가능성이 있으며, 이는 사회적·경제적 혼란을 가중시킬 수 있어요.

생물 다양성과 생태계에도 심각한 영향을 미칠 거예요. 1.5℃ 상승 시 많은 생물 종들이 멸종 위기에 처하지만, 일부는 적응할 가능성이 있어요. 그러나 2℃ 상승 시에는 적응할 기회가 크게 줄어들어 더 많은 종들이 멸종할 위험에 놓이게 됩니다. 특히 산호초의 경우, 1.5℃ 상승 시 전 세계 산호초의 70~90%가 사라질 수 있으며, 2℃ 상승 시 거의 모든 산호초가 소멸할 가능성이 높아요. 산호초는 해양 생태계의 중요한 구성 요소로, 그 소멸은 이에 의존하는 수많은 해양 생물들에게 큰 위협이 될 거예요.

결국, 지구 평균기온이 1.5℃만 올라가도 자연환경과 인간사회에 심각한 위험을 초래할 가능성이 커요. 하지만 2℃ 상승 시, 그 위험은 훨씬 더 커져서 인류가 그 영향을 감당하기 어려울 수 있다는 결론에 도달했어요. 지구온난화가 계속되면, 극심한 기후변화뿐만 아니라 식량 부족, 전염병 확산, 생물 다양성 감소, 물 부족 등의 복합적인 문제가 발생할 수 있어요. 이는 사회적 불안, 정치적 갈등, 국경 분쟁, 난민 발생 등으로 이어지며, 국제 사회의 안정에 심각한 영향을 미칠 수 있답니다.

이러한 이유로, 국제 사회는 지구 평균기온 상승을 1.5℃ 이하로 억제하는 것이 반드시 필요하다고 보고 있어요. 이를 달성하기 위해, 2030년까지 2019년 대비 온실가스 순 배출량을 43% 줄이고, 2050년까지는 탄소중립을 이루어야한다고 제안했죠. 이런 조치는 극단적인 기후 현상과 그로 인한 피해를 줄이기 위해 꼭 필수적이며, 많은 나라들이 2050년까지 탄소중립을 목표로 설정하는 이유랍니다.

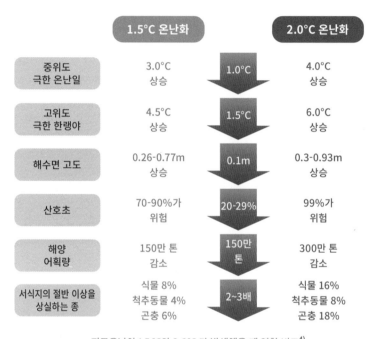

지구온난화 1.5 °C와 2.0°C 가 발생했을 때 영향 비교[4]

[지금은 과연 몇 °C가 올랐을까요?]

지구 평균기온이 1.5°C 이상 상승하면 지구 생태계와 인간 사회에 큰 변화가 일어날 것이라 경고하고 있는데, 현재 지구는 과연 몇 °C가 올랐을까요? 최근 지구 평균기온은 산업화 이전(1850-1900년) 대비 현재(2011-2020년) 약 1.09°C(0.95-1.20°C) 상승했다고 해요. 이는 경고 수

준인 1.5°C에 매우 가까운 수치예요. 하지만 모든 지역과 나라에서 동일하게 1.09°C가 상승한 것은 아니에요. 실제로 일부 지역에서는 이보다 더 빠른 온난화를 경험하고 있거든요.

온난화가 빠르게 진행되고 있는 지역 중 하나가 바로 북극이에요. '북극 증폭(Arctic amplification)'이라고 부르는데, 북극의 기온은 지난 수십 년 동안 지구 평균의 3-4배 더 빠르게 상승하고 있어요. 눈과 얼음은 반사율이 높아 대부분의 태양 에너지를 우주로 반사시키지만, 기온이 오르면서 북극의 눈과 얼음이 녹아 반사되는 태양 에너지가 줄어들게 되었어요. 그로 인해 북극에 흡수되는 태양 에너지가 증가하면서 다른 지역보다 온도가 더 빠르게 상승하고 있어요[5]. 또한, 캐나다와 러시아 같은 고위도 국가들에서도 온난화의 영향이 뚜렷하게 나타나고 있어요. 이들 국가의 일부 지역에서는 최근 수십 년 동안 평균기온이 1.5-2°C 이상 상승한 것으로 보고되고 있어요. 이러한 온도 상승은 농업의 변화, 생태계 변화, 영구 동토층의 해빙 등 다양한 환경적 변화를 일으키고 있어요.

열대 지역의 국가들도 기후변화의 심각한 영향을 피하지 못하고 있어요. 아프리카 국가들은 지구온난화로 인한 온도 상승폭이 비교적 적더라도, 취약한 인프라와 경제적 여건 때문에 작은 기온 변화에도 큰 타격을 받을 수밖에 없어요. 소규모 농업에 의존하는 지역사회는 극단적인 기상 이변으로 인해 식량 안보가 위협받기 쉽죠. IPCC 제6차 보고서에 따르면, 약 33억-36억 명에 이르는 인구가 기후변화에 매우 취약한 상황에 처해 있다고 해요.

이처럼, 지구 평균기온 상승이라는 통계 뒤에는 각 국가와 지역마다 겪고 있는 다양한 기후변화의 현실들이 숨어 있어요. 기후변화로 인한 피해는 국가와 지역마다 그 양상과 강도가 다르게 나타난다는 점을 인식하는 것이 중요해요. 고작 1°C의 상승만으로도 우리는 이미 극심한 이상기후 현상을 겪고 있는데요, 앞으로 기온이 더 상승한다면, 그로 인한 피해는 상상조차 할 수 없을 만큼 더 심각해질 거예요.

COP와 우리의 미래 이야기

제28차 유엔기후변화협약 당사국총회(COP28)가 11월 30일부터 12월 13일까지
아랍에미리트(UAE) 두바이에서 개최되었어요.

"무공해차로의 전환"
"석탄 발전 단계적 감축"
-COP26 (2021, 글래스고)-

"메테인 감축"
-COP27 (2022, 샤름 엘 셰이크)-

"2030년까지 전 세계 재생에너지 용량 3배 증대,
연평균 에너지 효율 2배 개선"
-COP28 (2023, 두바이)-

최근 두바이에서 열린 제28차 COP에서는 지구기온 상승을 1.5°C 이하로 억제하기 위한 다양한 전략들이 논의되었어요. 그중에서도 '화석연료에서 멀어지는 전환'을 가속화하자는 주제가 핵심 의제로 다뤄졌죠. 주요 내용으로는 2030년까지 재생에너지 용량을 3배로 확대하고, 에너지 효율을 2배로 높이기로 합의했어요. 또한, 원자력, 탄소 포집·활용·저장(CCUS) 기술, 저탄소 수소 생산 등 무탄소·저탄소 기술을 확대해야 한다는 필요성도 합의문에 포함되었답니다.[6]

이러한 합의들은 우리가 사용하는 에너지를 화석연료에서 더 깨끗하고 지속가능한 에너지로 전환하겠다는 국제사회의 강한 의지를 보여주고 있어요. 재생에너지로의 전환 필요성은 그동안 꾸준히 제기되어 왔지만, 정책적 지원부족, 사회적 수용성, 그리고 기술적 문제로 인해 실질적인 성과를 내기가 쉽지 않았어요. 재생에너지는 간헐성과 출력변동성, 초기 투자비용 등의 문제로 인해 기존의 화석연료를 기반 경제체제를 대체하기에 한계가 있었거든요. 그러나 이번 COP28의 합의를 계기로 재생에너지 분야의 성장이 가속화된다면, 기술 개발과 인프라 확장을 통해 간헐성과 비용 문제를 해결할 가능성이 높아질 거예요. 또한, 새로운 일자리 창출은 물론이고 에너지 혁신으로 경제 전반에 긍정적인 영향을 미칠 것으로 기대돼요.

특히 이번 COP28에서는 재생에너지뿐만 아니라, 원자력에너지와 수소에너지도 탄소 감축 수단으로 언급되었다는 점이 주목할 만해요. 원자력에너지는 탄소를 거의 배출하지 않는다는 장점이 있으나, 발전소 안전성과 방사성 폐기물 관리 문제로 지속가능한 에너지로 인정받을 수 있는지에 대한 논의가 계속 이어져 왔어요. 이번 기후회의에서는 원자력과 수소에너지가 탄소중립 목표 달성을 위한 현실적인 기술로 논의되었고, 일부 합의에 포함되었어요. 따라서 한국, 프랑스, 영국과 같이 전력 수요가 높은 동시에 재생에너지로 전력 수요를 모두 충족하기 어려운 나라들은 안정적인 전력 공급과 탄소중립 실현을 위해 원자력에너지를 대안으로 고려할 가능성이 높아졌어요.

COP에 관심을 가지면 각 나라가 기후변화에 어떻게 대응하고 있는지, 그리고 국제 사회가 어떤 방식으로 협력하고 있는지 알 수 있어요!
빠르게 변화하는 세상에서 COP를 관심있게 살펴보는 것은 미래를 대비하는 좋은 방법이에요. COP에서 결정된 기후 정책과 전략은 전 세계의 경제, 정치, 사회에 큰 영향을 미치기 때문에, 이를 이해하면 변화하는 세상을 예측하는데 도움을 받을 수 있어요. 또한, 우리는 COP를 통해 기후변화의 최신 상황과 미래의 발전 방향을 파악하고 글로벌 시민으로서 우리가 어떤 역할을 해야 할지도 깊이 이해할 수 있을 거에요.

[재생에너지 vs 원자력에너지? 재생에너지와 원자력에너지!]

화석연료를 기반으로 발전해 온 우리 사회가 앞으로 어떤 에너지원으로 전환해야 할지에 대한 정해진 답은 없어요. 하나의 에너지원만을 선택하기보다는, 재생에너지와 원자력에너지가 가진 각각의 장단점을 고려하여 우리 사회의 필요와 상황에 맞게 합리적으로 활용하는 것이 중요해요.

재생에너지는 태양광, 풍력, 수력 등을 활용해 전력을 생산할 때 탄소를 거의 배출하지 않기 때문에 기후변화 대응에 매우 중요한 에너지원이에요. 그러나 재생에너지 역시 환경적 부담이 전혀 없는 것은 아니에요. 예를 들어, 태양광 패널이나 배터리 제작에 필요한 희귀 금속의 채굴은 환경에 부정적인 영향을 미칠 수 있고, 이 과정에서 발생하는 탄소 배출도 무시할 순 없어요. 또한, 풍력에너지는 소음과 진동 문제를, 지열에너지는 지반 침하 등의 문제를 초래할 가능성이 있어요.

반면, 원자력에너지는 탄소 배출 없이 대규모로 안정적인 전력을 생산할 수 있어, 재생에너지의 한계를 보완하는 중요한 기술로 평가받고 있어요. 그러나 방사성 폐기물 처리와 원전 사고 위험은 여전히 해결해야 할 중요한 과제로 남아 있어요. 현대 원전(원자력발전소)은 기술의 발전과 과거의 체르노빌, 후쿠시마 원전 사고를 반면교사로 삼아 안전성이 크게 향상되었지만, 사고가 발생할 경우 대규모 피해로 이어질 가능성이 높기 때문에 여전히 신중한 접근이 필요해요.

그럼에도 불구하고, 원전을 지지하는 현실적인 이유는 에너지 자립 및 안보와 관련이 있어요. 전력 수요가 높은 우리나라에서는 안정적인 전력 공급이 경제와 국가 에너지 안보에 직결되기 때문이에요. 전력 수급이 불안정해지면 가정과 산업 모두에 심각한 영향을 받을 수 있어요. 예를 들어, 극단적인 날씨 속에서 냉난방 기기가 멈추면 시민들의 건강이 위협받을 수 있어요. 또한, 에너지 비용이 상승하면 가계 부담이 커지고, 소비가 위축되어 경제에 부정적인 영향을 미칠 수 있어요. 게다가, 전력 부족은 공장 운영 중단을 초래해 제품 생산에 차질을 빚고, 기업의 수익성 감소와 더불어 장기적으로 한국 경제의 경쟁력 약화로 이어질 수 있어요.

따라서 어떤 에너지원으로 전환할지를 결정할 때 재생에너지와 원자력 중 하나를 선택하는 이분법적 접근보다는 두 에너지원의 상호 보완적 활용이 중요해요. 재생에너지를 적극적으로 확대하여 분산 에너지 생산을 늘려가고, 원자력에너지를 보완적으로 활용하여 전력 공급의 안정성을 유지하는 전략이 필요할 수 있어요. 이와 함께 수소에너지와 탄소 포집·활용·저장(CCUS) 기술 같은 다양한 저탄소 기술을 개발하고 도입하는 것도 필수적이에요. 이러한 기술들은 탄소중립 목표를 달성하는 데 있어 중요한 역할을 할 수 있어요.

결국, 미래의 에너지 전략은 단순히 기술적 선택을 넘어 사회적 수

용성, 경제적 타당성, 환경적 지속가능성을 모두 고려한 통합적인 접근이 필요해요. 정부, 산업계, 그리고 시민들이 협력하여 이런 전환을 이루어 나갈 때, 우리는 탄소중립과 경제 발전을 동시에 달성할 수 있는 길을 열어갈 수 있을 거예요.

1	2	3	4	5
기후변화 인식	기후변화 협약	탄소중립선언	기후변화 멈추기	지속가능한 시대
온실가스 문제 제기	UNFCCC COP 교토의정서 ：	전환점		우리의 미래

현재 전 세계, 인류의 공동 문제는 **과잉 배출된 온실가스**!

온실가스로 발생되는 문제는 **지구온난화**!

그 온실가스를 줄이기 위한 목표가 **2050 탄소중립**!

우리의 공동목표는 탄소중립을 통한 **기후변화 멈추기**(완화와 적응)!

우리의 희망적 미래모습은 발전과 안정이 공존하는 **지속가능한 시대**!

어떻게 탄소중립을 할 수 있을까?

탄소중립이란 무엇인가요

탄소중립이란, 쉽게 말해서 대기 중에 배출된 온실가스를 다시 흡수하거나 제거해 순 배출량을 0으로 만드는 것을 의미해요. 이것을 넷제로(Net-Zero)라고도 부르죠. 탄소중립이라는 개념이 어려워 보일 순 있지만, 실제로는 간단해요. 우리가 배출하는 온실가스를 최대한 줄이고, 그럼에도 남은 양은 흡수하거나 제거해 대기 중 온실가스의 순 배출량을 0으로 만드는 것이에요.

'탄소중립'이라고 하면 이산화탄소(CO_2)만 생각할 수 있지만, 교토의정서에서 지정한 6가지 온실가스가 모두 포함돼요. 그렇다면 왜 '온실가스 중립'이 아니라 '탄소중립'이라고 할까요? 그 이유는 온실가스 중 이산화탄소가 온실가스 중 가장 많이 배출되고, 다른 종류의 온실가스도 이산화탄소 환산량($CO_2eq.$)으로 통일해 계산하기 때문이에요. 예를 들어, 메테인(CH_4)은 이산화탄소보다 28배 더 강력한 온실가스지만, 온실가스 배출량으로 계산할 때는 이산화탄소 환산량으로 나타내요. 그래서 이산화탄소가 온실가스를 대표하는 개념으로 쓰이기 때문에 *탄소중립이라는 용어가 사용된답니다.

* 탄소중립(Net-Zero)

기후위기 대응을 위한 탄소중립·녹색성장기본법 (약칭: 탄소중립기본법) 대기 중에 배출·방출 또는 누출되는 온실가스의 양에서 온실가스 흡수의 양을 상쇄한 순 배출량이 영(零)이 되는 상태를 말한다.

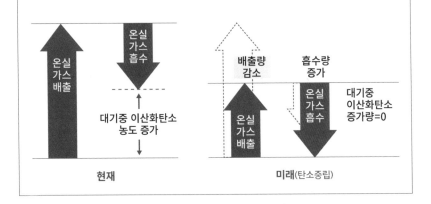

생활 속 탄소중립

탄소중립이 거창하고 멀게 느껴질 수 있지만, 사실 우리 일상에서 쉽게 찾아 볼 수 있어요. 대표적으로 탄소중립포인트 제도가 있어요. 이 제도는 일상에서 탄소 배출을 줄이는 활동을 하면 포인트를 적립해주는 방식으로, 사람들이 환경 보호에 더 적극적으로 참여하도록 장려하는 정책이에요. 예를 들어, 종이 영수증 대신 전자 영수증을 선택하거나, 텀블러를 사용하고, 친환경제품을 구매하면 포인트를 받을 수 있어요. 이렇게 일상 속 탄소 배출 감소 활동을 격려하며 환경을 보호하는 실질적인 변화를 가져오고 있답니다.

이와 함께, 무공해 차량의 보급도 탄소중립을 향한 중요한 변화 중 하나예요. 요즘 도로에서 파란 번호판을 단 전기차와 수소차가 자주 보이는데요. 이 차량들은 운행 중 온실가스를 배출하지 않아 대기오염을 줄이는 데 큰 역할을 해요. 그래서 정부는 무공해차량 구매 보조금 지급과 충전소 인프라 구축 등 다양한 지원을 통해 무공해 차량 보급률을 높이고 있어요.

이처럼 사회는 이미 다양한 노력을 통해 탄소중립 실현을 구체화하고 있으며, 앞으로도 많은 변화가 예상돼요. 정부와 기업은 친환경 기술 개발에 투자하고, 재생에너지를 확대하며, 지속가능한 발전을 추구하고 있어요. 개인도 일상생활에서 에너지 절약, 재활용, 친환경 제품 사용 등을 통해 환경 보호에 동참할 수 있어요. 이러한 작은 실천들이 모여 미래를 더욱 깨끗하고 건강하게 만들어갈 거예요.

탄소중립은 이제 더 이상 먼 미래의 목표가 아니라, 지금 우리가 시작할 수 있는 생활 속 실천이에요. 정부와 개인의 노력이 함께 어우러질 때, 우리는 더 나은 환경을 만들어갈 수 있어요.

그럼, 탄소중립을 위해 우리나라는 어떤 계획과 준비를 하고 있을까요?

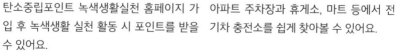

탄소중립포인트 녹색생활실천 홈페이지 가입 후 녹색생활 실천 활동 시 포인트를 받을 수 있어요.

아파트 주차장과 휴게소, 마트 등에서 전기차 충전소를 쉽게 찾아볼 수 있어요.

[탄소중립 선언]

2020년 12월 10일, 대한민국은 2050년까지 탄소중립을 실현하겠다는 목표를 공식 발표했어요. 이는 파리협정 이후 전 세계가 기후변화 대응을 강화하는 흐름에 발맞춰, 한국도 적극적으로 동참하겠다는 의지를 나타낸 역사적인 탄소중립 선언이었죠.

당시 정부는 '더 늦기 전에 2050'이라는 슬로건을 내세우며, 기후변화가 우리의 일상에 얼마나 가까이 와 있는지 설명하고, 이를 해결하기 위해 2050년까지 탄소중립을 달성해야 한다고 강조했어요.[7] 그리고 재생에너지 확대, 에너지 효율 향상, 친환경 교통수단 도입, 산업계의 탈탄소화 등을 앞으로의 주요 과제로 삼아 산업과 경제, 사회 모든 측면에서 탄소중립을 추진할 것이라고 덧붙였어요. 이는 환경 보호를 넘어 경제 성장과 삶의 질 향상을 동시에 달성할 수 있는 길을 제시하는 것이에요. 지금까지 우리가 성장해온 방식이 아닌, 새로운 방식으로 나아가야 함을 의미하죠.

우리는 친환경적 선택이 일상이 되고, 산업은 탄소 배출을 최소화하면서도 사회의 욕구를 충족할 수 있는 방향으로 혁신해야만 해요. 그러나 이러한 대전환은 결코 쉬운 길이 아니며, 그 과정에서 예상치 못한 어려움과 부작용이 나타날 수 있어요. 중대한 변화의 끝은 '지속 가능한 세상'이라는 희망을 주지만, 그 과정에서 혼란과 대립이 있을 수밖에 없거든요.

예를 들어, 최근 전기차 배터리 화재 사건은 전기차의 안전성에 대한 우려를 불러일으켰어요. 이는 새로운 기술이 빠르게 확산되면서 나타날 수 있는 문제를 보여주는 대표적인 사례라고 할 수 있어요. 기후변화에 대응하기 위한 무공해 차량, 즉 전기차의 필요성이 높아지면서 많은 내연기관차가 전기차로 대체되고 있지만, 보급이 늘어나면서 예상치 못한 화재 사고도 발생하고 있어요. 그로 인해 보상 문제나 전기차 사고 시 대응 방법에 대한 논란이 커지고, 일각에서는 내연기관차로 다시 돌아가야 한다는 주장도 나오고 있죠.

하지만, 내연기관차에서 전기차로의 전환은 단순히 전기차와 내연기관차 둘 중 하나를 선택하는 문제가 아니에요. 전기차가 도입된 배경에는 기후위기에 대응하고 지속가능한 미래를 추구하려는 노력이 전제되어있다는 점을 기억해야 해요. 단순히 과거의 방식으로 돌아가는 것이 아니라, 새로운 기술이 가져오는 부작용을 어떻게 최소화할지, 그리고 이를 안전하게 관리하기 위해 어떤 정책과 기술이 필요한지를 논의해야 해요. 그렇게 함으로써 우리는 기후위기에 효과적으로 대응하며, 안전하고 지속가능한 사회로 나갈 수 있을 거예요.

대한민국 탄소중립선언

　'2050 대한민국 탄소중립' 선언식에서 가장 인상적이었던 장면 중 하나는 화면이 컬러에서 흑백으로 전환되는 순간이었어요. 처음에는 방송 사고로 착각할 수도 있었지만, 사실 이 연출은 기후위기의 심각성을 시청자들에게 직접적으로 느끼게 하려는 의도였어요. 흐릿한 흑백 화면은 현재 우리가 직면한 기후 상황의 위급함을 상징하며, 즉각적인 대응이 필요하다는 메시지를 전달했어요.

　더불어, 연설 장면에서는 환경위기시계가 9시 47분으로 맞춰진 모습과 함께 작은 풍력발전기 모형도 등장했어요. 이런 시각적 장치들은 에너지 전환의 필요성을 부각시키고, 탄소중립이 단순한 목표가 아니라 우리 모두가 지금 바로 행동해야 할 중요한 과제임을 되새기게 했어요.

대한민국 탄소중립 선언 '더 늦기 전에 2050'(2020.12.10.)

[탄소중립을 향한 단계적 목표]

우리나라는 매년 6억 톤 이상의 온실가스를 배출하고 있어요. 그렇다면 앞으로 20여 년 남은 2050년까지 어떻게 탄소중립을 이룰 수 있을까요? 온실가스 순 배출량을 단번에 0으로 만들 수는 없기 때문에, 2050년 탄소중립으로 향하는 여정에는 단계적인 목표와 체계적인 계획이 반드시 필요해요.

한국은 NDC를 통해 2030년까지 온실가스 순 배출량을 2018년 대비 40% 줄이겠다는 1차 목표와, 2050년까지 대기 중 온실가스 순 배출량을 '0'으로 만들겠다는 최종 목표를 세웠어요. 그리고 탄소중립 사회로 나아가기 위한 비전과 전략을 LEDS에 담아 국제 사회에 제출했어요.

LEDS에서는 우리나라의 온실가스 관리 주요 분야를 에너지, 산업, 수송, 건물, 폐기물, 농축수산, 흡수 부문으로 나누고 각 분야별로 필요한 구조적 변화와 기술 혁신의 방향을 구체적으로 제시했어요. 아울러, 이러한 변화가 효과적으로 이루어질 수 있도록 관련 정책을 강화하고, 국민의식을 높이는 방안도 포함하고 있어요.

2050년 탄소중립을 위해

① 어디서, 얼마나 온실가스가 배출되는지를 파악할 수 있는
→ 온실가스 인벤토리 보고서

② 언제까지, 어떻게 온실가스를 감축할지 계획한
→ 2030 NDC(국가 온실가스 감축 목표)

③ 장기적인 비전과 전략을 담은
→ 2050 LEDS(장기 저탄소 발전 전략)

[탄소중립사회를 함께 준비하는 길]

탄소중립은 더 이상 단순한 구호나 목표가 아니에요. 2030년 저탄소사회와 2050년 탄소중립사회를 향한 변화는 이미 시작되었고, 우리의 일상에도 점점 더 큰 영향을 미치고 있어요. 우리가 익숙하게 사용하던 것들은 새로운 기술과 기준으로 대체되고, 새로운 규범과 시스템이 일상으로 빠르게 스며들고 있죠.

따라서 우리는 변화하는 환경, 사회, 규범, 기술에 수동적으로 대응하기보다, 한 발 앞서 준비하는 자세가 필요해요. 이렇게 미리 대비한다면, 변화가 가져올 혼란을 줄일 뿐만 아니라 긍정적인 변화를 이끌어내어 더 나은 사회를 만들어갈 수 있을 거예요.

특히, 탄소중립을 실현하기 위해 요구되는 기술과 산업의 변화는 우리에게 새로운 직업 기회와 가능성을 열어줄 거예요. 재생에너지 전문가, 스마트 그리드 엔지니어, 전기자동차 기술자와 같은 새로운 분야들이 주목받고, 탄소 포집 및 저장(CCS) 기술 개발자, 에너지 효율 컨설턴트, 친환경 건축 설계자 등도 미래의 중요한 직업군으로 떠오르고 있어요.

다가올 변화를 예측하고 필요한 지식과 기술을 미리 익힌다면, 이 변화 속에서 자신의 역량을 발휘할 수 있는 다양한 기회를 만들어갈 수 있을 거예요.

NDC와 LEDS는 단순히 환경 보호를 위한 정책이 아니에요. 이는 우리의 생활 방식은 물론, 직업 시장까지 변화시키는 포괄적인 로드맵이에요. 처음에는 이러한 개념들이 낯설고 어렵게 느껴질 수 있지만, 이 책을 통해 하나씩 알아가다 보면 탄소중립이 결코 먼 미래의 이야기가 아니라는 것을 알게 될 거예요. 지금 우리가 함께 탄소중립에 대해 배워가는 과정이 불확실한 미래를 준비하는 데 큰 도움이 될 거예요.

우리나라의 온실가스 배출량은 경제 성장과 밀접하게 연관되어 있어요. 화석연료 기반 제조업이 성장한 나라의 특성상, 경제가 성장할수록 온실가스 배출량도 자연스럽게 증가하는 경향을 보이죠. 현재 우리나라의 온실가스 배출량은 전 세계 11위, 경제협력개발기구(OECD) 회원국 중에서는 5위(2018년 기준)라고 하는데요. 그렇다면 그동안 우리는 얼마나 많은 온실가스를 배출해 왔을까요?

1990년대 초반 약 2.9억 톤의 온실가스를 배출하던 한국은 경제 성장과 산업화가 빠르게 진행되면서 1990년대 후반에는 배출량이 약 4억 톤 이상으로 증가했어요. 이후에도 경제 발전과 함께 꾸준히 증가해 2010년대에 7억 톤을 넘어섰고, 2018년에는 최고치를 기록했죠.

그러다 2020년에 들어서면서 온실가스 배출량은 확연히 감소했는데, 주된 원인은 코로나19 팬데믹으로 인한 경기 침체였어요. 사회적 거리두기와 같은 방역조치로 경제 활동이 위축되고, 제조업과 같은 산업 활동이 줄어들면서 온실가스 배출량도 줄어들게 된 것이죠. 하지만 2021년 경제 활동이 재개되면서 온실가스 배출량은 다시 증가하기 시작했어요. 코로나19로 위축됐던 활동이 회복되고 국제 거래가 다시 활발해지면서 온실가스 배출량이 다시 늘어난 것이죠.[8]

이처럼 경제 상황에 따라 온실가스 배출량도 변동하는 경향을 보이고 있어요. 따라서 단순히 온실가스 감축 목표 설정하는 것을 넘어, 경제 성장과 환경 보호를 동시에 고려하는 통합적이고 장기적인 정책이 필요해요. 이는 미래의 경제적 발전을 지속하는 동시에 기후위기에 효과적으로 대응하는 방법이 될 거에요.

2050 탄소중립을 향한 우리의 여정

2020년 12월, 우리나라는 2050 탄소중립을 선언하며 기후위기 대응에 대한 강한 의지를 보였어요. 이후 여러 차례의 수정과 상향을 통해 「2030년 국가 온실가스 감축 목표(NDC)」를 수립했죠. 그리고 파리협정에 따라 5년마다 NDC를 갱신해야 하기에, 2025년에는 더 강화된 NDC를 제출해야 해요. 이는 기후변화의 심각성이 커지고 국제사회의 요구가 높아지고 있는 현실을 반영한 거예요.

강화된 목표는 기후위기 해결에 효과적일 수 있지만, 그만큼 여러 도전과제도 많아요. 우리나라의 산업구조는 제조업 중심이라 탈탄소화에 많은 비용이 소요되고, 재생에너지 확대를 위한 기술적 인프라를 확충하는데도 어려움이 존재하거든요. 또, 변화에 대한 사회적 합의와 정책 조정 역시 중요한 과제로 남아 있죠.

이러한 과정은 겉으로 보기에 더디고, 때로는 부족해 보일 수도 있어요. 탄소중립이라는 목표를 외치지만, 정책이나 기술이 예상만큼 빠르게 발전하지 않는 현실에 실망감을 느낄 수도 있죠. 하지만 지금은 고군분투하는 정부, 기업, 단체, 시민들의 노력을 이해하고 격려해야 할 때인 것 같아요. 질책보다는 우리가 함께 실질적인 해결책을 찾고 협력하는 것이 더 필요해요.

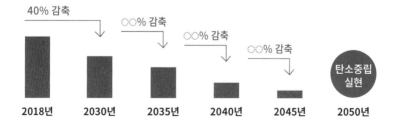

40% 감축 ○○% 감축 ○○% 감축 ○○% 감축 탄소중립 실현

2018년 2030년 2035년 2040년 2045년 2050년

정부는 법적·재정적 지원을 강화해야하고, 기업은 친환경 기술 개발과 에너지 효율을 높이는 데 힘써야 해요. 시민들 역시 일상 속에서 저탄소 실천을 통해 변화를 만들어야 하죠. 모두가 힘을 합친다면, 우리는 탄소중립이라는 목표를 넘어 더 지속가능하고 건강한 미래로 나아갈 수 있을 거예요.

연도	이슈	
2020.10	'2050탄소중립' 선언	
2020.12	'2050 탄소중립 추진전략' 확정/발표	
2020.12	· 2050장기저탄소발전(LEDS) 정부안 확정 · 2030 국가온실가스 감축 목표(NDC) 　정부안 확정	
2021.05	'탄소중립위원회' 출범	
2021.09	탄소중립녹색성장기본법 제정	세계 14번째 탄소중립을 법제화한 국가
2021.10	'2050 탄소중립시나리오' 수립	
2021.12	NDC 상향	
2022.10	탄소중립·녹색성장 추진전략 수립	
2023.03	· NDC 수정 · 제 1차 국가 탄소중립·녹색성장 　기본계획('23-'42) 발표	NDC: 목표는 동일하나 부분별 목표량 조정

탄소중립 전략

탄소중립을 이루기 위해, 온실가스를 줄이는 가장 효과적인 세 가지 방법이 있어요.

1. 온실가스가 가장 많이 배출되는 곳을 우선적으로 집중해서 줄일 것.
2. 가능한 모든 분야에서 온실가스 배출을 최대한 줄일 것.
3. 남아 있는 온실가스는 제거하거나 최대한 흡수시킬 것.

이에 따라 우리나라는 온실가스 배출 원인에 따라 최대한 감축할 수 있는 7개 부문과, 감축 노력에도 불구하고 남아있는 온실가스를 제거하거나 흡수할 수 있는 2개 부문으로 나누어 전략을 수립했어요. 그리고 현재 우리는 이러한 전략을 기반으로 다양한 부문에서 온실가스 감축과 흡수를 위한 노력을 이미 시작하고 있어요.

자, 이제 우리 주변에서 무엇이 바뀌게 될지 살펴볼까요?

온실가스 배출 감축 부문		
에너지(전환)	에너지를 만들 때	온실가스 배출을 최소화하도록
산업	물건의 재료와 물건을 만들 때	
건물	건물을 세울 때나 건물 안에서 에너지를 사용할 때	
수송	물건과 사람이 이동할 때	
농축수산 (농업·축산·수산)	작물을 재배하고, 가축을 기르며, 수산물을 생산하거나 포획할 때	
폐기물	쓰레기를 버리고 처리하는 과정에서	
수소	새로운 연료인 수소를 만드는 과정에서	
온실가스 흡수·제거 부문		
자연탄소흡수원	바다, 숲을 통해	온실가스를 없애도록
CCUS	우리의 기술력을 통해	

※ 수소와 CCUS 부문은 4장에서 자세히 만나요.

무엇이 탄소중립으로 바뀔까?

우리가 소비하는 에너지

온실가스 배출을 줄이려면 가장 많이 배출되는 분야부터 중점적으로 개선해야 해요. 그곳이 바로 에너지를 생산하는 '전환' 부문이에요. 에너지는 우리의 일상에서 없어서는 안 될 존재죠. 하루 24시간 중 에너지를 사용하지 않는 순간은 거의 없을 거예요. 우리가 잠자는 동안에도 휴대폰은 충전되고 있으니 말이에요. 이렇게 우리는 에너지를 끊임없이 소비하며 살고 있어요.

그렇다면, 버튼만 누르면 언제나 나오는 전기는 과연 어떤 원료로 만들어질까요? 전기는 석탄, 천연가스, 석유, 원자력, 재생에너지 등 다양한 원료를 통해 발전소에서 생산돼요. 이 중 석탄, 천연가스, 석유는 화석연료라고 불리며, 에너지(전환)부문에서 가장 많은 온실가스를 배출하는 주된 원인이에요. 탄소 덩어리로 이루어진 화석연료를 태우는 과정에서는 이산화탄소(CO_2)뿐만 아니라 산성비를 유발하는 황산화물(SO_x), 질소산화물(NO_x), 그리고 일산화탄소(CO)나 휘발성 유기화합물($VOCs$) 같은 유해 물질도 발생해요. 이러한 물질들은 대기 중으로 퍼져 인체에 해로울 뿐만 아니라 환경에도 심각한 영향을 미치게 돼요.

그렇다면 전기 생산에 화석연료는 얼마나 사용되고 있을까요? 2023년 기준으로 우리나라의 전기 생산 비중은 석탄 31.4%, 원자력 30.7%, 천연가스 26.8%, 신재생에너지 9.62%, 석유 0.25%, 기타 1.23% 입니다.[9] 다시 말해, 절반 이상의 전기가 화석연료에 의존해 생산되고 있는 상황이죠. 우리는 전기만 만들어내는 것만이 아니라, 그 과정에서 대량의 온실가스도 함께 만들어내고 있는거에요.

이런 이유로 우리나라와 세계 각국에서는 2050 탄소중립을 목표로 화석연료 사용을 줄이고, 온실가스 배출이 적은 재생에너지와 원자력으로의 전환을 추진하고 있어요. 특히 태양광과 풍력 같은 재생에너지 확대와 더불어 원자력에너지의 활용도 중요한 대안으로 논의되고 있죠.

전력 생산 방식별 온실가스 배출량 비교[10]

(단위: 톤/GWh)

구분	평균	최저	최고
석탄	888	756	1,310
석유	733	547	935
천연가스	499	362	891
태양광	85	13	731
바이오매스	45	10	101
원자력	29	2	130
수력	26	2	237
풍력	26	6	124

다양한 에너지원으로 동일한 양의 에너지를 생산할 때, 화석연료 기반의 발전 방식(석탄, 석유, 천연가스)은 연소 과정에서 대량의 이산화탄소를 배출하며, 이는 다른 에너지원에 비해 배출량이 가장 많아요.

※ 이 데이터는 발전 과정뿐만 아니라, 건설·운영·연료 채굴 및 폐기 등 전 과정에서 발생하는 온실가스 배출량을 포함해요.

앞으로 우리가 사용하는 전기를 청정에너지로 전환하게 된다면, 탄소중립을 실현하는 데 큰 기여를 할 뿐만 아니라 공기질 개선과 에너지 수급 안정성도 확보할 수 있을 거예요.

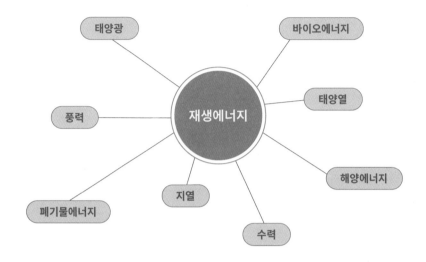

우리가 사용하는 물건

산업 부문에서 배출되는 온실가스는 크게 두 가지로 나눌 수 있어요. 하나는 에너지 소비로 인한 배출이고, 다른 하나는 산업 공정에서 발생하는 배출이에요. 즉, 원료를 가공하거나 제품을 만들 때, 사용하는 연료의 연소과정에서 나오는 배출과 원료가 화학적·물리적 반응을 일으킬 때 발생하는 배출을 의미해요. 따라서 '연료'와 '원료'를 탄소 배출이 적은 방식으로 바꾸는 것이 온실가스 감축에 중요한 역할을 한답니다.

특히 철강, 석유화학, 시멘트 산업은 우리나라 경제의 핵심 산업임과 동시에 온실가스를 다량으로 배출하는 대표적인 분야예요. 그래서 이들 산업에서의 변화가 매우 중요해요.

- 석유화학 산업에서는 폐플라스틱을 열분해하여 원료로 사용하거나, 전기가열로 또는 저탄소연료를 사용해 온실가스 배출을 줄일 수 있어요.
- 철강 산업에서는 수소환원제철법이라는 차세대 기술이 주목받고 있어요. 기존 방식에서는 철광석(Fe_2O_3)의 산소(O_2)를 제거하기 위해 코크스(석탄 유래)를 사용해 철(Fe)을 만들었는데, 이 과정에서 이산화탄소(CO_2)가 배출됐어요. 하지만 수소환원제철법은 철광석과 수소(H_2)를 반응시켜 철을 생산하며, 이때 배출되는 것은 이산화탄소 대신 물(H_2O)이에요. 다만, 이 기술이 상용화되려면 재생에너지를 기반으로 한 대규모 수소 공급이 꼭 필요해요.
- 시멘트 산업에서는 석회석 대신 CaO(산화칼슘)를 함유한 산업부산물을 보조 원료로 활용해 온실가스 배출을 줄일 수 있어요.

원료 생산과 제품 제조 과정에서 온실가스를 감축하려면, 많은 기업들의 노력과 변화가 필요해요. 하지만 공정과 시설을 한꺼번에 개선하는 것은 쉽지 않아요. 산업 부문에서 온실가스를 감축하는 방법은 생산성 저하와 같은 문제를 초래할 수 있기 때문이에요. 또한, 기존의 생산 방식을 변경하거나 대체하는 데는 막대한 비용과 시간이 소요되고, 기술적 한계도 존재하죠. 이러한 어려움은 기업들에게 큰 부담이 되어 경쟁력을 약화시킬 위험도 있어요.

따라서 기업의 자발적인 노력뿐만 아니라, 정부의 적극적인 재정적·기술적 지원이 필수적이에요. 예를 들어, 정부는 친환경 기술 연구개발(R&D)에 대한 지원을 강화하고, 탄소 배출을 줄이는 기업에게 세제 혜택을 제공해 경제적 부담을 덜어줄 수 있어요. 또한, 탄소 배출권 거래제를 확대하여 기업들이 배출량을 줄이면 남는 배출권을 판매해 수익을 창출할 수 있도록 하고, 목표달성에 따른 인센티브를 강화한다면, 자발적인 참여를 더욱 유도할 수 있을 거예요.

우리가 살고 있는 건물

비행기 창문 밖으로 보이는 수많은 불빛들… 밤에도 꺼지지 않는 빛들은 마치 반짝이는 크리스마스 트리처럼 보이는데요. 이렇게 아름답게 빛나는 건물에서도 온실가스가 발생하고 있어요. 밤이 되면 조명을 켜고, 더울 땐 에어컨을, 추울 땐 난방 시스템을 가동하며, 맛있는 밥도 지어 먹지요. 우리가 살아가기 위해서는 이처럼 에너지가 반드시 필요해요. 그렇다면 일상에서 어떻게 온실가스를 줄일 수 있을까요?

개인이 쉽게 실천할 수 있는 방법 중 하나는 '에너지 절약'이에요. 자주 사용하지 않는 가전기기의 전원 코드를 뽑아 대기전력을 차단하

밤 비행기를 타고 내려다 본 서울의 모습

거나, 집안에서 최소한의 조명만 사용하는 습관을 들이면 온실가스를 줄이는 것은 물론 관리비도 절약할 수 있어요. 또한, 가전제품을 구매할 때는 에너지 효율이 높은 전자기기를 선택하는 것도 좋은 방법이에요.

이 외에도 우리는 일상 속 에너지를 절약하는 방법들에 대해 많이 알고 있어요. 하지만 실천으로 이어지지 않는 경우가 많죠. 생활 습관을 바꾸기가 쉽지 않고, 에너지 절약이 당장 눈에 보이는 이익으로 느껴지지 않는다면 실천의지가 약해지기 마련이에요. 또한, 바쁜 일상 속에서 에너지 절약까지 신경 쓰기 어렵거나, 에너지 절약이 얼마나 중요한지 체감하지 못 하는 것도 하나의 이유가 될 수 있어요. 그럼에도 불구하고 개인 차원의 에너지 절약이 가장 중요하는 것을 명심해야 해요.

한편, 우리가 온실가스를 줄이는 노력과 동시에 건물 자체에서도 에너지 소비를 줄이고 스스로 에너지를 생산할 수 있다면 얼마나 좋을까요? 이를 실현하기 위한 방법으로 '제로에너지 건축물(ZEB)'과 '그린리모델링'이 있어요. ZEB는 패시브 기술과 액티브 기술이 결합된 스마트 건물이에요. 고성능 단열재와 창호 등을 활용해 실내 에너지를 최대한 보존하는 패시브 기술과 태양광 발전기와 같은 신재생 에너지를 이용해 에너지를 생산하는 액티브 기술을 통해 에너지 자립을 높이는 건출물이죠. 즉, 에너지를 소비하고 생산하는 것이 한 건물 안에서 이루어지는 거예요.

하지만 이러한 스마트한 건물은 주로 신축 건물에 적용되기 때문에 기존 건물은 그린리모델링을 통해 에너지 효율을 개선해야 해요. 오래된 건물일수록 에너지 효율이 낮아 더 많은 에너지를 소비하기 때문이에요. 우리나라의 10년 이상 35년 미만의 건축물이 전체의 60%(연면적 기준) 이상으로, 노후 건축물의 비율도 꾸준히 증가하고 있어요.[11] 따라서 노후된 건물은 단열과 설비를 개선하는 그린리모델링이 필요해요. 냉·난방 에너지 사용을 줄일 수 있는 가장 효과적인 방법이죠.

현재 우리나라는 제로에너지 건축물에 대한 단계적 의무화와 함께 노후건축물의 그린리모델링의 지원사업을 시행하고 있어요.

머지않아 우리도 에너지를 직접 생산하고 소비하는 스마트한 건물에서 살게 될 거예요. 이러한 변화는 환경을 보호하는 것은 물론, 생활비 절감에도 큰 도움이 될 것으로 기대돼요.

제로에너지건축물

　'제로에너지 건축물'이란, 건물에서 사용하는 에너지와 생산하는 에너지가 상쇄되어 최종적으로 0(Net Zero)이 되는 건축물을 뜻해요. 이를 실현하기 위해 패시브 기술(고성능 단열재와 창호 등으로 에너지 소비를 최소화)과 액티브 기술(태양광, 지열 등 신재생 에너지를 활용해 에너지를 직접 생산)이 결합된 녹색건축물이랍니다.

　지속가능한 시대를 위해, '제로에너지 건축물'은 에너지 절약과 자립을 실현하며, 우리가 살아갈 공간의 중요한 모델로 자리 잡을 거예요.

패시브와 엑티브 기술을 합친 제로에너지 건축물

그린리모델링

　미래에 모든 신규 건물이 제로에너지건축물로 지어진다 해도, 기존의 오래된 건물들이 여전히 많다면 건물 부문에서 탄소중립을 달성하기는 쉽지 않아요. 오래된 건물들은 대체로 에너지 효율이 낮아 난방, 냉방, 조명 등에서 불필요하게 많은 에너지를 소비하고, 이로 인해 온실가스를 많이 배출하게 되죠. 따라서 에너지 효율이 높은 구조로 개선하는 '그린리모델링'이 필수적이에요.

　그린리모델링은 기존의 노후화된 건축물의 에너지 성능을 향상시키고 실내 환경을 개선하여 온실가스 배출을 줄이는 리모델링을 말해요. 예를 들어, 창호를 개선하거나 고단열 벽체로 교체하고, 환기 시스템을 설치하는 등의 공사가 이에 해당되죠.

　그린리모델링 실제 사례를 살펴볼까요?

그린리모델링으로 새롭게 변신한 도봉구 도선어린이집

　서울 도봉구에 위치한 도선어린이집이에요. 이 어린이집은 지어진 지 30년이 넘어, 겨울이면 결로도 심하고 냉난방기도 자주 고장 나는 상황이었어요. 하지만 그린리모델링을 통해 에너지 효율을 높이고 실내 환경을 개선한 덕분에, 훨씬 쾌적한 공간으로 바뀌었답니다. 리모델링 이후 에너지 소요량은 27% 감소했으며, 온실가스 배출량도 무려 50%나 줄었다고 해요.

우리가 타는 수송수단

도로에서 자주 보이는 파란색 번호판의 차량들, 바로 전기차와 수소차예요. 이 차량들은 '무공해차'라고 불려요. 불과 몇 년 전만 해도 흰색 번호판의 내연기관차가 대부분이었지만, 이제는 파란색 번호판의 무공해차도 점점 더 많이 보이고 있어요. 자동차 연료 충전 방식도 다양해지고 있어요. 예전에는 주유소에서 기름을 넣는 것이 당연했지만, 이제는 전기 충전소나 수소 충전소를 쉽게 찾아볼 수 있고, 주차장에서 차량에 충전 코드를 꽂고 집으로 들어가는 모습도 점점 익숙한 풍경이 되고 있지요.

내연기관차는 화석연료를 태워 동력을 생산하는 과정에서 환경에 많은 부정적인 영향을 미쳤어요. 이러한 문제를 해결하기 위해 오래전부터 무공해차가 대안으로 제시되었지만, 초기 구매 비용이 높고 충전 인프라가 부족해 많은 사람들이 쉽게 선택하지 못했어요. 깨끗한 환경을 위해 무공해차를 선택하는 것은 일상생활에서의 불편함을 감수해야 하는 일이었고, 그만큼 큰 용기와 결단력이 필요했죠.

이러한 상황을 개선하기 위해 정부는 2050 탄소중립 계획을 발표하고 무공해차 보급을 적극적으로 지원하기 시작했어요. 수송부문에서 온실가스를 효과적으로 감축하기 위해서는 도로에서부터 무공해차 중심의 수송체계로 전환하는 것이 매우 중요하기 때문이에요. 정부는 전기차와 수소차 구매 시 보조금을 제공하고, 충전 인프라 구축을 위해 많은 투자를 했어요. 이와 더불어, 공영주차장 요금 할인, 고속도로 통행료 감면, 혼잡 통행료 면제와 같은 다양한 인센티브를 도입해 무공해차를 선택하는 것이 경제적으로도 유리해지도록 했어요.

자동차 제조 기업들도 친환경 자동차 기술 개발에 적극적으로 나서면서, 전기차와 수소차의 성능이 크게 향상되고 가격도 점차 합리적인 수준으로 낮아졌어요. 이제 무공해차는 환경을 위해 감수해야 하는 불편한 선택이 아니라, 경제적이고 실용적인 대안으로 자리 잡았죠. 이러한 노력으로 '2050년 탄소중립 시나리오'에 따르면 2050년에는 무공해차의 비율이 85~97%에 이를 것으로 예상되고 있어요.

한편, 세계 주요 국가들과 자동차 생산 기업들도 내연기관차에서 친환경차로의 전환을 선언하고 있어요. EU, 영국, 스코틀랜드, 스페인 등 여러 국가는 2030~2040년 사이에 내연기관차 판매금지를 발표했으며, 벤츠, 폭스바겐, GM(제너럴모터스) 등 자동차 제조사들도 내연기관차 생산을 줄이고 친환경차로의 전환에 집중하고 있어요.

물론, 이러한 정책과 일정은 변동될 수 있지만, 앞으로 도로에서 더 많은 친환경 차량을 보게 될 날이 머지않았어요.

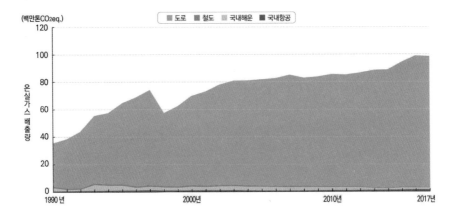

수송부문은 도로, 철도, 해운, 항공으로 구분되는데 이 중 도로에서 배출되는 온실가스가 가장 많아요.

탈(脫) 내연기관 선언
자동차 제조사나 국가 정부가 내연기관(가솔린 또는 디젤을 연료로 사용하는 엔진) 차량의 생산 및 판매를 단계적으로 중단하고, 이를 대신할 친환경 차량 기술(전기차, 수소차, 하이브리드차 등)에 투자하며, 관련 산업 전환을 추진하기로 한 계획

2050 지구사용설명서

철도/해운/항공은 어떻게 변화하나요?

친환경 철도

철도의 주 에너지원은 경유 8.3%, 전력 91.7%(2018년 기준)로, 이미 대부분 전력기반 시스템으로 전환된 상태예요. 다만, 전시 등 비상상황에 대비해 최소한의 경유 차량을 유지하고, 나머지 차량은 2050년까지 전기와 수소 열차로 100% 전환할 계획이에요. 이와 더불어 철도 중심의 친환경 교통체계를 강화하기 위해 철도망을 확대하고, 자가용중심의 교통 수요를 줄이는 전략도 추진 중이에요. 또한, 기존에 도로에서 처리되던 화물 운송을 탄소배출이 적은 철도로 전환하는 것 역시 온실가스 배출을 줄이는 목표 중 하나랍니다.

친환경 해운

해운 업계는 질소산화물(NOx)과 황산화물(SOx) 배출 규제를 준수하는 동시에, 온실가스 감축 목표를 달성하기 위해 다양한 대체 연료 사용을 추진하고 있어요. 기존의 중유나 경유 같은 화석연료 대신 LNG, 바이오연료와 같은 비교적 친환경적인 연료를 사용하는 선박 개발에 힘쓰며, 대기 오염 물질과 온실가스 배출을 줄이기 위해 노력하고 있죠.

다만, LNG도 화석연료에 속하기 때문에 완전한 탈탄소화를 이루려면 전기 및 수소 선박으로의 전환이 필수적이에요. 따라서 우리나라는 2050년까지 해운부문의 전체 에너지 소비에서 바이오연료 및 LNG 연료의 비중을 30%, 전기 및 수소 선박의 비중을 40%까지 확대할 계획이에요. 이를 통해 해운부문에서도 탄소 중립을 달성하고, 대기 오염을 최소화하려는 목표를 실현하고자 해요.

친환경 항공

코로나19가 종식되면서 해외여행이 다시 활기를 띠기 시작했어요. 2023년에는 해외여행을 떠난 우리나라 국민 수가 약 2030만 명, 한국을 찾은 외국인 관광객이 약 999만 명에 달했죠.[12] 해외여행이 증가하면서 항공기에서 발생하는 온실가스 배출량도 크게 늘어나고 있어요. 비행기로 승객 1명이 1km를 이동할 때 약 285g의 탄소가 배출되는데, 이는 버스의 4배, 기차의 20배에 해당하는 양이래요. 따라서 해외여행을 할 때마다 우리는 상당한 양의 온실가스를 배출하고 있는 셈이에요.[13]

이러한 문제를 해결하기 위해 항공업계에서는 친환경 연료 개발과 항공기 운항 경로 최적화 등 기술적 노력을 통해 연료 소비를 줄이고 있어요. 현재는 화석연료 기반 항공유를 주로 사용하고 있지만, 지속가능항공유(SAF)와 같은 친환경 연료를 개발해 점차 도입하고 있답니다. 이 SAF는 기존의 항공유에 비해 최대 80%까지 탄소 배출량을 줄일 수 있는 효과가 있다고 해요. 우리나라는 2050년까지 국내 항공유 소비량의 30%를 **바이오항공유**로 대체하고, 20%는 전기 및 수소 항공기로 전환할 계획이에요.

이제는 여행의 즐거움 뒤에 감춰진 무거운 환경적 책임감을 인식하고 지속가능한 여행을 위한 노력을 해야 할 때에요.

---

* 바이오항공유(Biojet Fuel)
바이오매스(식물성 자원, 폐목재, 미세조류 등)원료를 활용하여 합성기술을 통해 제조한 항공연료로, 일정기준을 충족하면 기존 항공유와 혼합하여 사용이 가능한 연료

※현재 항공에서 사용되는 SAF의 대부분이 바이오항공유이므로 SAF와 바이오항공유를 동일하게 부르는 경우가 많아요.

우리가 먹는 음식

우리가 매일 먹는 채소(농산물), 고기(축산물), 생선(수산물)을 생산하는 과정에서도 온실가스가 배출돼요. 농축수산 부문에서 발생하는 온실가스는 연간 24.7백만 톤 $CO_2eq.$(2018년 기준)으로, 우리나라 전체 온실가스 배출량의 약 3.4%를 차지해요. 비록 전체 배출량에서 차지하는 비중은 낮지만, 지구온난화지수(GWP)가 높은 메테인(CH_4)과 아산화질소(N_2O)가 주로 배출되기 때문에 감축이 꼭 필요하답니다.

2장 ⑤ 농업 부문에선 어떤 온실가스가 배출되나요?에서 살펴봤듯이, 농업 부문에서는 특히 벼농사가 온실가스를 많이 배출해요. 벼농사는 물을 채운 논에서 이루어지는데, 이 과정에서 토양 내 산소가 부족한 환경이 만들어지면서 다량의 메테인이 발생해요. 즉, 물에 잠긴 토양은 산소가 부족한 상태가 되고, 이때 메테인 생성균이 활성화되기 때문에 유기물을 분해할 때 메테인이 발생하게 되는거죠. 그래서 이를 줄이기 위해서는 '저탄소 농업기술'이 필요해요. 예를 들어, 물 관리를 개선해서 논에 물을 채우는 시간을 줄이고, 물을 자주 빼주는 '간단관개' 방식으로 메테인 발생을 줄일 수 있어요. 그 외에도 화학비료 사용을 축소하고, 친환경 농법 시행을 확대하는 등 영농법 개선으로 메테인과 아산화질소 발생을 억제할 수 있어요. 또한, 농사 후남는 농업 부산물을 잘 처리하는 것도 중요한데요, 이를 태우지 않고퇴비로 재활용하거나 바이오에너지로 활용하면 온실가스 배출을 크게 줄일 수 있어요.

다음으로, 축산 부문에서는 가축, 특히 소(반추동물)가 먹이를 소화하는 과정에서 메테인을 많이 배출해요. 이를 줄이기 위해 저메테인 사료를 개발하여 가축에게 먹이는 방법이 있어요. 저메테인 사료는 메테인저감제를 첨가해 만들어지며, 반추가축이 트림 등의 소화 과정에서 배출하는 메테인가스를 줄이는 데 효과적이에요. 또한, 가축의 분뇨를 적절히 관리하는 것도 중요한데, 분뇨 처리 과정에서 발생하는 메테인을 회수해 바이오가스 생산 시설에 활용할 수 있어요. 이렇게 하면 골칫거리였던 메테인을 오히려 에너지원으로 바꿔 전기나 난방 등으로 활용할 수 있답니다.

마지막으로, 수산 부문에서는 어선이나 양식장 등의 수산업 시설에서 사용하는 연료로 인해 온실가스가 발생해요. 어선은 주로 화석연료를 사용하는데, 이를 줄이려면 노후화된 어선은 교체하고, 하이브리드 어선, 전기 어선, 수소 어선과 같은 저탄소·무탄소 어선을 개발하고 보급하는 것이 필요해요. 이러한 어선을 도입하면 운영 중 온실가스 배출을 크게 줄일 수 있을 뿐만 아니라, 연료 효율도 높아져 경제적인 이점도 있어요. 또한, 양식장이나 수산물 시설에 히트펌프, 인버터 등의 고효율 장비를 보급하는 방법이 있어요. 이처럼 에너지 절감을 통해 수산업에서 발생하는 온실가스 배출을 효과적으로 줄일 수 있어요.

그러나 농축수산 분야에 이러한 친환경 기술을 도입하는 과정은 여러 가지 어려움을 동반해요. 온실가스를 줄이면서도 식량의 생산성을 유지하는 일이 현실적으로 쉽지 않거든요. 예를 들어, 저탄소 기술을 적용하면 초기 비용이 증가하고 생산성이 일시적으로 감소할 수 있어요. 따라서 이런 문제를 해결하기 위해 정부, 연구기관, 그리고 농축수산업계가 함께 협력하며 더 나은 방법을 찾고, 지속적으로 연구하고 있어요.

우리도 소비자로서 중요한 역할을 할 수 있어요. 먹거리 선택에 있어 친환경적인 방식을 지지하고, 지역에서 생산된 신선한 농산물을 구매하며, 음식물 쓰레기를 줄이는 실천으로 동참할 수 있어요. 예를 들어, 로컬 푸드를 선택하면 긴 운송 과정에서 발생하는 탄소 배출을 줄일 수 있어요. 또한, 육류 소비를 적정 수준으로 유지하고 채식 위주의 균형 잡힌 식단을 실천하면 축산업에서 발생하는 온실가스 배출량을 줄이는 데 기여할 수 있답니다.

결론적으로, 지속가능한 먹거리를 선택하고 환경 보호에 동참하는 것이 중요해요. 우리가 선택하는 음식이 더 나은 미래로 나아가는 중요한 발걸음이 될 수 있을 거예요.

지속가능한 농·축·수산업의 미래모습

농업[14]

농업에서는 디지털 기술을 활용한 스마트농업을 확산시키는 것이 목표예요. 스마트농업은 비닐하우스·유리온실 등에 사물인터넷(IoT), 빅데이터, 인공지능(AI), 로봇 등 첨단 기술을 접목하여 생산성과 효율성을 높이는 것을 말해요.

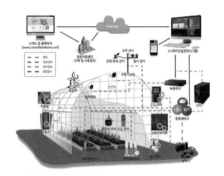

스마트 팜

재배시설의 온도, 습도, 일조량, 토양 수분과 영양 상태, 질병 유무 등을 실시간으로 모니터링하고, 스마트 비료 관리 시스템을 통해 작물별 최적의 양분을 자동으로 공급해요.

이처럼 스마트 팜에서는 최첨단 기술을 통해 노동력·에너지·양분 등을 덜 투입하면서도 농작물의 생산성을 높이는 효과를 기대할 수 있어요.

축산

축산 부문에서는 스마트 축사가 중요한 역할을 하게 될 거예요. 스마트 축사는 첨단 기술을 활용해 축사 내부 환경을 자동으로 조절하고, 가축의 건강 상태를 실시간으로 모니터링 하는 시스템이에요. 온도, 습도, 공기질 등을

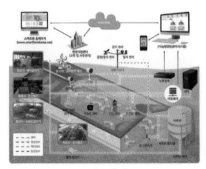

스마트 축사

최적화해 가축이 건강하게 자랄 수 있는 환경을 유지해줄 수 있어요. 또, 가축의 상태를 분석해 적절한 사료를 공급함으로써 소화 과정을 더 효율적으로 만들어준답니다. 이처럼 최적의 환경은 가축의 스트레스를 줄이고 건강을 증진시키는 동시에, 소화 효율을 높여 장내 발효 과정에서 발생하는 메테인 배출을 줄이는 데에도 도움을 줄 수 있어요.

수산[15]

수산업에서는 스마트 양식이 미래의 핵심 기술로 자리 잡고 있어요. 기후변화로 인한 이상수온과 적조 등으로 안정적인 수산물 공급에 차질이 생길 우려가 큰 상황인데요. 이에 해양수산부에서는 스마트 양식 관리 시스템을 도입해 수온, 산소 농도, 사료 투입량 등을 실시간으로 모니터링하고 최적화함으로써 양식장의 생산성을 높이는 동시에 환경 영향을 줄이고자 노력하고 있어요. 이러한 시스템은 사료 낭비를 줄이고, 물 사용과 에너지 효율을 개선하여 온실가스 배출감소에 기여할 수 있답니다.

스마트 양식

우리가 버리는 쓰레기

가치를 잃은 물질이나 물건을 쓰레기 또는 폐기물이라고 불러요. 폐기물은 크게 가정에서 배출하는 생활폐기물과 기업 및 산업현장에서 배출하는 사업장폐기물로 분류돼요.

2023년 기준, 우리나라에서 발생한 전체 폐기물은 약 17,619만 톤이며, 이 중 생활폐기물은 약 1,669만 톤으로 전체의 9.5%를 차지했어요. 1인당으로 계산하면 하루 약 0.87kg의 폐기물을 배출하는 셈이에요.[16] 생각보다 많은 양이죠. 이렇게 발생한 폐기물은 재활용, 소각, 매립의 과정을 거쳐 처리되는데, 특히 소각과 매립 과정에서 많은 온실가스가 발생돼요. 따라서 이를 줄이기 위해 2050년까지 폐기물 감량률 25%, 재활용률 70~94% 달성을 목표로 설정했어요.

그렇다면, 구체적으로 어떻게 폐기물을 줄이고 온실가스 배출을 감축할 수 있을까요?

생활폐기물 발생부터 최종 처리까지

[덜 쓰고, 다시 써서 폐기물 감량하기]

모두 알고 있겠지만, 우리가 할 수 있는 가장 효과적인 방법은 폐기물 배출 자체를 줄이는 것이에요. 예를 들어, 음식을 포장할 때 일회용기가 아닌 다회용기를 사용하고, 커피나 음료를 마실 때는 일회용컵 대신 텀블러를 사용하는 것이 좋아요. 이렇게 하면 매번 새로운 일회용품을 사용할 필요가 없어지죠.

2022년 12월, 제주도와 세종시에서는 자원순환율을 높이기 위해 일회용컵 보증금제를 시범적으로 도입했어요. 커피전문점에서 음료를 주문할 때 1회용 컵에 자원순환보증금 300원을 부과하고, 다 쓴 컵을 반납하면 보증금을 돌려받는 제도예요. 개인에게는 다소 번거로울 수 있지만, 플라스틱컵과 종이컵의 재활용율을 높이는 데 효과적인 제도예요. 우리가 텀블러를 챙기지 못해 어쩔 수 없이 일회용 컵을 사용해야 하는 경우가 있는데, 이럴 때 일회용 컵을 사용하고 반납하는 시스템이 큰 도움이 돼요. 실제로 제주도에서는 이 컵 보증금제도를 통해 일회용 컵 반환율이 70%에 달했다고 해요. 이는 소비자가 편하게 컵을 반납할 수 있는 시스템의 안정화와 자원순환을 위한 개개인의 노력들이 이루어낸 성과라고 할 수 있어요.

한편, 튼튼하고 유용한 플라스틱 트레이나 유리병은 버리지 않고 재사용하는 것도 좋은 방법이에요. 유리병을 화병이나 음식용기로 활용하거나, 플라스틱 트레이는 정리함으로 사용하면 폐기물을 줄일 수 있죠. 이처럼 물건을 한 번 쓰고 버리는 습관을 지양하고, 가능한 한 여러 번 재사용하는 습관을 가지는 것이 중요해요.

유럽에서도 보증금반환제도를 쉽게 볼 수 있는데요. 그 중에서도 높은 재활용율을 자랑하는 독일은 2003년부터 공병보증금제도인 '판트(Pfand)'를 시행했어요. '판트'란 독일어로 보증금이라는 뜻하며 마트에서 재활용이 가능한 플라스틱병, 캔, 유리병으로 포장된 물건을 구매할 때 물건 값과 함께 보증금을 추가로 지불하는 방식이에요. 다 쓴 공병을 마트나 상점에 설치된 공병 반환 기계에 넣으면 보증금을 돌려받을 수 있죠.

이 제도를 통해 독일의 페트병 재활용율은 약 95%에 달했다고 해요. 반환된 공병은 재활용되거나, 상태가 양호한 경우 세척 후 다시 사용되죠. 이처럼 지속가능한 자원 활용을 위한 다양한 노력은 전 세계에서 이루어지고 있답니다.

작은 글씨로 0.25유로의 판트 요금이 추가된다고
적혀 있어요.

공병 반환 기계

[필요 없는 것은 없애고, 꼭 필요한 것만 만들기]

최근, 소비자들이 자발적으로 '일회용품 반납 운동'을 이끌어 기업을 긍정적으로 변화시킨 사례들이 있었어요. 소비자들과 환경운동 단체들은 통조림 햄 뚜껑, 우유에 붙어 있는 빨대, 식품 포장에 사용되는 플라스틱 트레이를 모아 기업에 반납하며 불필요한 일회용품 사용 자제해 줄 것을 요청했죠.

그 결과, 제품은 변화하기 시작했어요. 김에 들어있던 플라스틱 트레이는 없어졌고, 과자를 담았던 플라스틱 트레이는 종이 트레이로 대체되었어요. 우유 회사들은 빨대 없는 우유를, 햄 제조사는 뚜껑 없는 햄 제품을 출시했죠. 이는 친환경 경영을 요구하는 소비자의 의견을 기업이 수용하며 만들어 낸 성과예요.

소비자로서 우리는 친환경 제품을 선택하고 에너지 효율적인 제품을 구매함으로써 기업들이 더욱 지속가능한 방향으로 나아가도록 이끌 수 있어요. 이러한 소비자와 기업의 협력은 생산부터 소비의 전 과정에서 폐기물을 줄이고, 온실가스 배출을 감축하는 중요한 선순환 구조를 만들어낼 수 있어요.

소비자와 기업의 노력으로 변화한 제품들

국민일보, "김에서 '플라스틱 용기' 빼도, 괜찮아요?" (2022년 2월 19일)

[에너지로 다시 태어나기]

　폐기물 중에는 플라스틱, 병, 캔처럼 재활용이 가능한 것들도 있지만, 음식물 쓰레기, 농·수산 부산물(영농 폐기물), 하·폐수 처리 과정에서 나오는 오니(슬러지) 같은 유기성 폐기물도 있어요. 이런 유기성 폐기물은 탄소를 다량 포함하고 있어서, 소각하거나 매립하면 많은 온실가스를 발생시키는 주요 원인이 됩니다. 게다가 수분 함량이 높아 직매립이 어렵고, 소각할 때도 많은 에너지가 소모되어 추가적인 온실가스를 발생시키죠.

　이러한 문제를 해결하기 위해 폐자원 에너지화 기술이 주목받고 있으며, 그중에서도 유기성 폐기물을 활용한 바이오가스화 기술이 대표적이에요. 유기성 폐기물을 산소가 거의 없는 조건에서 처리하면, 우리가 사용하는 도시가스나 CNG 버스의 연료로 활용할 수 있는 바이오가스가 생산돼요. 이렇게 만들어진 바이오가스는 화석연료를 대체해 에너지 자립도를 높이고, 온실가스 배출을 줄이는 데 중요한 역할을 한답니다.

　하지만 폐기물이 에너지로 전환될 수 있다고 해서, 폐기물을 많이 배출하는 것이 정당화될 수는 없어요. 폐기물을 에너지로 전환하는 데에도 많은 시간과 비용이 들며, 그 과정에서도 일부 온실가스가 발생하기 때문이에요.

　결국, 우리가 해야 할 가장 중요한 일은 쓰레기 배출을 줄이고, 이미 발생한 폐기물은 에너지로 전환해 지속가능한 세상을 만들어가는 거예요.

헷갈리는 분리배출

우리가 생각하는 것보다 재활용 될 수 있는 쓰레기는 많지 않아요. 오염물이 묻어 있거나 혼합재질로 된 물건들이 많기 때문이죠. 재활용되는 쓰레기와 그러지 못한 쓰레기가 함께 혼합되면 오히려 분리수거 선별장에서 골라내기가 어려워져요. 그래서 재활용이 불가한 쓰레기는 종량제봉투에, 재활용이 가능한 쓰레기는 정확히 분리배출하는 것이 중요해요!

분리배출의 핵심은 비우고, 헹구고, 분리하고, 섞지 않는 것이에요!

이건 어떻게 버리는 건가요? - 10문 10답

Q. 붕어빵, 호떡과 같이 기름 묻은 빵 봉투, 종이류로 버려도 되나요?

A. 기름으로 오염된 종이는 재활용이 어려워요. 종량제 봉투에 버려주세요.

Q. 1회용 핫팩은 어떻게 버리나요?

A. 철가루와 부직포 등으로 이루어져 재활용이 불가능해요. 종량제 봉투에 버려주세요.

Q. 플라스틱 옷걸이는 어떻게 버리나요?

A. 플라스틱 단일 재질의 옷걸이는 플라스틱류로 배출하지만, 다른 재질이 혼합된 옷걸이는 재질별로 분리해야 해요. 분리가 어려울 경우 종량제 봉투에 버려주세요.

Q. 은박 보냉백, 돗자리는 분리배출 가능한가요?

A. 복합 플라스틱 소재로 되어있어 재활용이 어려워요. 종량제 봉투에 버려주세요.

Q. 컵라면 용기는 분리배출이 가능한가요?

A. 용기에 기름이나 국물 자국 같은 이물질이 남아 있으면 재활용이 불가능해요. 이 경우 종량제 봉투로 배출해주세요.

Q. 전단지, 영수증은 분리배출이 가능한가요?

A. 코팅되지 않은 전단지는 종이류로 분리배출할 수 있지만, 영수증은 종량제 봉투에 배출해야 해요.

Q. 택배상자는 어떻게 분리해야하나요?

A. 테이프와 송장스티커를 완전히 제거하고 분리배출해주세요.

Q. 과자, 라면봉지 등 식품포장지는 어떻게 버리나요?

A. 내용물을 비우고 물로 헹군 뒤 접지 않고 분리배출 해주세요.

Q. 재활용 표시없는 비닐(세탁소 비닐, 위생팩, 위생장갑 등)도 분리배출이 되나요?

A. 이물질로 오염되지 않았다면 비닐류로 배출할 수 있지만, 오염된 비닐은 종량제 봉투로 배출해야 해요.

Q. 설 선물로 들어온 선물세트의 부직포 가방은 재활용이 될까요?

A. 부직포 가방은 재활용이 어려워요. 종량제 봉투에 배출해주세요.

※「이건 어떻게 버리는 건가요? - 10문 10답」은 환경부의 분리배출 가이드를 참고하여 작성되었어요. 생활을 편리하게 만드는 물건이 늘어날수록, 버리기 까다로운 쓰레기도 많아지고 있어요. 환경부의 '지구를 구하는 일상 속 분리배출' 가이드나 '내 손안의 분리배출' 모바일 앱을 활용하면 헷갈리는 분리배출 방법을 쉽게 확인할 수 있답니다.

체크리스트: 일상에서 실천하는 탄소중립

나는 평소에 쓰레기 배출을 줄이기 위해 얼마나 노력하고 있을까요?
아래 항목들을 살펴보며 나의 습관을 점검해보세요!

yes	no	
		음식물쓰레기를 줄이기 위해 노력하고 있나요? - 음식을 남기지 않고, 남은 음식은 다회용 용기에 포장합니다. - 식단 계획과 유통기한을 고려해 필요한 만큼만 식재료를 구매합니다.
		저탄소 제품을 구매하고 있나요? - 세제나 샴푸 같은 생활용품은 리필용 제품으로 구매합니다. - 플라스틱 용기 사용을 줄인 제품을 선택합니다.
		과대포장된 제품 대신 간소한 포장 제품을 선택하고 있나요?
		재활용하기 쉬운 재질과 구조로 된 제품을 구매하고 있나요? - 구매할 때 라벨이 쉽게 분리되는지 확인합니다. - 분리배출 표시가 명확한 제품을 선택합니다.
		중고제품을 이용하거나 사용하지 않는 물건은 나누고 있나요? - 쓰지 않는 물건은 중고거래나 나눔 장터를 통해 새로운 주인을 찾아줍니다.
		비닐봉지 대신 장바구니를 사용하고 있나요?
		배달음식을 주문할 때 물티슈, 빨대, 숟가락 등 일회용품을 거절하고 있나요?
		종이타월이나 핸드드라이어 대신 개인 손수건을 사용하고 있나요?
		1회용 컵 대신 텀블러를 사용하고 있나요?
		청구서나 영수증을 전자 서비스로 받고 있나요? - 불필요한 종이 영수증은 받지 않도록 합니다.

8개 이상: 훌륭해요! 탄소중립을 위해 적극 실천하고 있네요.
5~7개: 좋습니다! 조금만 더 노력해볼까요?
1~4개: 실천할 수 있는 부분부터 하나씩 시작해보세요!

2050년 탄소중립을 달성하기 위해서는 온실가스 배출을 줄이는 것만으로는 충분하지 않아요. 이미 대기중에 배출된 온실가스를 흡수하는 방법에도 주목해야 해요. 이것이 바로 온실가스 '흡수' 전략이에요. 그렇다면 온실가스는 어떻게 흡수되어 대기 중에서 사라질 수 있을까요?

먼저 떠오르는 방법은 식물의 광합성이에요. 식물은 광합성 과정에서 이산화탄소를 흡수하고, 이를 이용해 성장하면서 대기 중 온실가스를 줄이는 데 기여하죠. 특히, 나무와 숲을 포함한 육상생태계는 이 과정을 통해 대기 중의 이산화탄소를 흡수하는 데 중요한 역할을 해요. 이렇게 육상생태계를 통해 흡수되는 탄소를 *그린카본(Green Carbon)이라고 부릅니다. 국제자연보전연맹(IUCN)에 따르면, 지구의 산림은 전체 육지 면적의 1/3을 차지하며, 매년 약 26억 톤의 이산화탄소를 흡수해 기후변화 대응에 기여하고 있다고 해요.[17] 우리나라의 산림에서도 매년 약 40백만 톤 $CO_2eq.$ 가까이 이산화탄소를 흡수하는 것으로 보고되고 있어요.

바다도 중요한 *탄소흡수원 중 하나예요. 해양 생태계에서 흡수되는 탄소를 *블루카본(Blue Carbon)이라고 부르는데, 해조류, 염생식물, 갯벌 등 해양 식물들은 대기 중의 이산화탄소를 흡수하고 이를 수천 년 동안 저장할 수 있는 능력을 가지고 있어요. 이러한 이유로 해양생태계는 매우 효과적인 탄소 흡수원으로 평가받고 있답니다. 우리나라 갯벌은 약 1,300만 톤의 탄소를 저장하고 있으며, 매년 약 26만 톤의 이산화탄소를 흡수하는 것으로 알려져 있어요. 이는 연간 승용차 약 11만 대가 배출하는 온실가스를 상쇄할 수 있는 양과 비슷해요.[18]

이처럼 우리는 '숲'과 '바다'를 잘 관리해 더 많은 온실가스가 흡수될 수 있도록 노력해야 해요. 나무와 숲은 시간이 지남에 따라 생장속도가 느려지고, 광합성을 통한 이산화탄소 흡수량도 감소할 수 있기 때문에 숲 가꾸기를 통해 건강한 산림을 유지하고 나무의 생장을 촉진하는 것이 중요해요. 또한, 해양에서는 갯벌을 복원하고, 해양보호구역을 확대해 블루카본의 흡수 능력을 강화해야 해요. 이러한 노력은 해양 생태계가 대기 중의 이산화탄소를 더 많이 흡수하고 저장할 수 있도록 도울 거예요.

앞으로 탄소중립을 향한 우리의 실천은 온실가스 배출을 줄이는 데서 멈추지 않고, 직접 온실가스를 흡수하는 활동으로 이어져야 해요. 예를 들어, 나무를 심어 탄소를 흡수에 기여하는 것도 한 방법이죠. 여건이 된다면 직접 나무를 심을 수도 있지만, 나무 심기 기부 캠페인에 후원하는 방식으로 간접적으로 참여할 수도 있어요. 나무 한 그루는 연간 약 8kg의 CO_2를 흡수한다고 해요. 물론 나무의 종류, 크기, 성장환경에 따라 온실가스 흡수량이 다르지만, 일반적으로 30년생 소나무 숲 1헥타르는 매년 약 11톤의 CO_2를 흡수해 승용차 5.7대가 배출하는 온실가스를 상쇄할 수 있다고 해요.[19] 우리가 배출한 온실가스에 대한 책임을 다하기 위해, 매년 나무를 심는 노력을 이어간다면 탄소중립 실현에 한 걸음 더 가까워질 거예요.

---

* **그린카본**
육상 생태계에서 흡수되는 탄소
* **블루카본**
해양 생태계에서 흡수되는 탄소
* **탄소흡수원**
탄소를 흡수하는 곳

2050년, 드디어 탄소중립

현재, 우리는 지속가능한 발전이라는 큰 방향 아래 탄소중립이라는 도전을 이어가고 있어요. 우리의 생활 방식과 사회 시스템, 정책, 기술은 점차 변화를 맞이하고 있죠. 그렇다면 마침내 2050년이 되었을 때, 우리는 정말 온실가스 순 배출량 0을 달성하여 탄소중립 사회를 이룰 수 있을까요?

우리나라는 이 목표를 달성하기 위해 두 가지 시나리오, A안과 B안을 계획했어요. 이는 단순한 계획을 넘어, 2050년이라는 미래를 향한 구체적인 비전과 설계라고 할 수 있죠. 여기엔 어떤 방식이 가장 효과적일지, 그리고 어떤 노력이 필요할지에 대한 깊은 고민이 담겨 있어요. A안과 B안 모두 온실가스 순 배출량을 0으로 만들어야 한다는 공통된 목표를 지니지만, 이를 실현하는 방식에는 차이가 있어요.

간단히 살펴보면, A안은 온실가스 배출을 최대한 줄이는 것을 최우선 목표로 삼아요. 온실가스를 많이 배출하는 '전환' 부문에서는 화력발전을 전면 중단하고, 도로에서는 대부분 전기차와 수소차만 운행해 온실가스 배출을 최소화합니다. 그리고 남은 온실가스는 탄소흡수원, CCUS 기술을 활용해 제거하는 방식이에요.

반면, B안은 A안보다 온실가스 배출 허용량이 조금 더 높아요. LNG(액화천연가스) 발전을 일부 유지하고, 도로 위 차량도 대부분 전기차와 수소차로 전환되지만, 일부 내연기관 차량이 여전히 운행될 수 있습니다. 대신, 화석연료 대신 *E-fuel을 사용하고, 남은 온실가스는 탄소 포집·활용·저장(CCUS) 기술을 더 적극적으로 활용하도록 계획하고 있어요.

A안과 B안 중 어느 시나리오가 더 좋은 결과를 가져올지는 아직은 확실하지 않아요. 사회적 변화와 기술 발전 속도, 경제적 여건에 따라

기존 시나리오가 조정되거나 새로운 시나리오가 도입될 가능성도 있죠. 앞으로 우리는 이 여정을 함께 걸어가며, 최선의 방법을 찾아 나가야 해요.

---

*E-fuel

Electricity-based Fuel, 즉 전기를 이용해 만드는 합성연료예요. 수전해 공정을 통해 물을 분해해 생산한 수소와 대기 또는 산업 공정에서 포집한 이산화탄소를 결합시켜 만들어지죠. E-fuel의 종류로는 e-가솔린, e-디젤, e-항공유 등이 있으며, 기존 내연기관에서도 사용이 가능해요. 특히, E-fuel은 재생에너지 기반 전기를 사용해 생산할 경우 탄소중립을 실현할 수 있어, 화석연료를 대체할 수 있는 중요한 대안으로 주목받고 있어요.

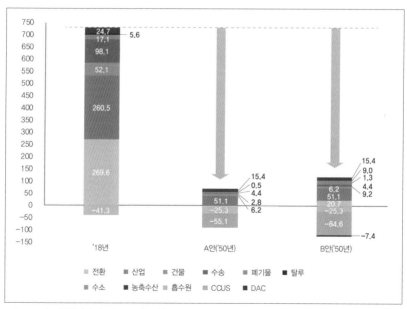

※2050 탄소중립시나리오(2021년 10월)

2050 탄소중립 시나리오(A안, B안)

생각하기&답하기

실행하기 3장 <미래를 위한 모두의 약속, 탄소중립>을 마치며, 탄소중립을 달성해야 하는 이유와 그 배경을 다시 한 번 떠올려봅시다. 그리고 다가오는 탄소중립 시대를 준비하며, 내가 배워야 할 것과 실천할 방법에 대해 깊이 고민하는 시간을 가져봅시다.

Q 탄소중립 달성을 위해 내가 할 수 있는 세 가지 실천 사항은 무엇인가요?

A

A. 당장 실천할 수 있는 것만 적어보면…

① 앞으로 전자제품을 구매할 때 성능과 가격뿐만 아니라 에너지소비효율 등급도 꼭 확인하고 선택하기.

② 올해 4월에 열리는 나무심기 캠페인에 가족이나 친구들과 함께 참여하기.

③ 친환경 경영을 실천하는 기업의 제품이나 서비스를 우선적으로 구매하여 지속가능한 소비 습관 만들기.

A

A. 진정한 의미의 친환경이란 무엇인지 조금 더 공부하여,
다양한 상황(물건을 사고, 여행을 계획하고, 먹거리를 선택하는
등)에서 지속가능한 선택을 할 수 있도록 노력해야겠다.

정리하며

탄소중립이 실현 될 2050년, 여러분의 나이는 몇 살인가요?

흔히 '미래의 세대를 위해 환경을 아껴야 한다'고 말하지만, 탄소중립은 단지 다음 세대를 위한 목표가 아니에요. 바로 우리의 삶과 직결된 문제 입니다.

이상기후가 현실로 다가오고 있는 지금, 이를 막기 위한 노력도 물론 중요 하지만 그 변화에 적응하고 대비하는 것도 중요해요. 극한 기온 변화에 대 비해 비상 물품을 준비하고, 기후 재난에 대처하기 위해 재난 대피 요령을 숙지하는 것처럼 말이죠.

그리고 앞으로의 삶을 위해, 내가 살 집, 내가 먹을 음식, 내가 타고 다니는 자동차는 더 건강하고 지속가능한 선택으로 바뀌어야 해요. 이것은 단순히 환경을 위한 것이 아니라, 결국 나 자신을 위한 길이기도 합니다.

여러분은 지금 기후변화에 얼마나 대비하고 있나요? 그리고 탄소중립을 향한 이 여정에서 어떤 변화를 만들어가고 싶나요?

이 물음에 대한 답을 찾아가는 시작이 되었으면 좋겠습니다.

01 | CCUS = CCS+CCU
02 | 그린수소, 블루수소, 그레이수소
03 | 전기차 vs 수소차
04 | 탄소발자국
05 | 그린워싱
06 | 그린마케팅
07 | LCA
08 | ESG
09 | 그린 인플루언서

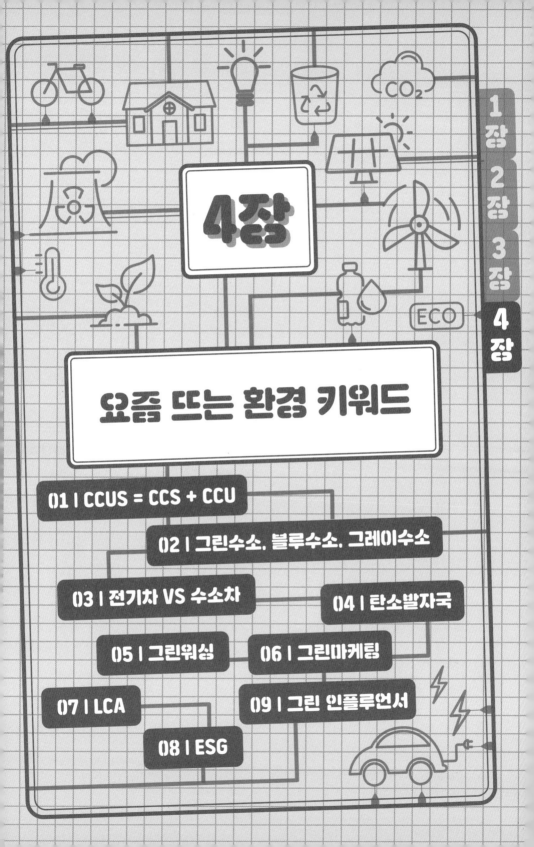

4장

요즘 뜨는 환경 키워드

01 | CCUS = CCS + CCU

02 | 그린수소, 블루수소, 그레이수소

03 | 전기차 VS 수소차

04 | 탄소발자국

05 | 그린워싱

06 | 그린마케팅

07 | LCA

09 | 그린 인플루언서

08 | ESG

4장

—

요즘 뜨는 환경 키워드

4장 <요즘 뜨는 환경 키워드>에서는 환경 분야에서 주목받는 주요 개념들과 트렌드를 다루며, 탄소중립과 지속가능한 미래를 위해 꼭 알아야 할 9가지 키워드를 소개합니다. 뉴스나 소셜 미디어에서 자주 언급되는 이 키워드들은 처음엔 조금 낯설고 어렵게 느껴질 수 있지만, 자세히 알아두면 우리가 직면한 환경 문제를 이해하고 더 나은 선택을 하는 데 큰 도움이 될 거예요.

예를 들어, 탄소를 포집하고 활용하거나 저장하는 기술인 **CCUS** 그리고 **그린수소, 블루수소, 그레이수소**와 같이 색깔로 구분되는 수소는 친환경 에너지 전환의 핵심 키워드예요. 아울러, 친환경 교통수단인 **전기차와 수소차**, 그리고 우리가 남기는 **탄소발자국**은 우리의 소비

2050 지구사용설명서

와 이동이 환경에 미치는 영향을 돌아보게 하죠.

이 외에도, 기업의 환경 활동이 진정성 있는지 평가하는 데 중요한 역할을 하는 **그린워싱**, 친환경 소비를 촉진하는 **그린마케팅** 전략, 그리고 기업 경영의 새로운 기준이 된 **ESG**는 우리가 환경을 고려한 소비를 선택하는 데 큰 영향을 미치는 키워드입니다. 더불어, 제품의 생애 주기를 분석해 환경 영향을 최소화하려는 **LCA**는 우리가 사용하는 제품이 환경에 어떤 영향을 미치는지 더 잘 이해할 수 있도록 도와줍니다.

마지막으로, 기후변화의 심각성을 알리고, 일상에서 실천할 수 있는 방법들을 공유하며 변화를 만들어가는 **그린 인플루언서**의 역할도 함께 살펴봅니다.

4장 "요즘 뜨는 환경 키워드"를 읽으며 이러한 키워드들이 무엇을 의미하는지, 그리고 이들이 왜 중요한지를 쉽게 이해할 수 있을 거예요. 더불어 우리 사회가 어떠한 방향으로 나아가야 하는지도 함께 고민해 볼 수 있기를 바라요.

CCUS = CCS+CCU

"만약 이 기술이 없다면, 우리가 아무리 열심히 온실가스 배출을 줄이더라도, 대기 중 온실가스의 양을 완전히 없애는 것은 불가능할 겁니다. 바다와 나무가 흡수할 수 있는 양에는 한계가 있기 때문에, 남는 온실가스는 계속해서 대기 중에 축적될 테니까요."

국제에너지기구(IEA)도 역시 이 기술 없이는 2050년 탄소중립을 달성하는 것이 불가능하다고 강조했는데요. 탄소중립 실현을 위해, 꼭 필요한 이 기술은 과연 무엇일까요?

일론 머스크가 건 1억 달러의 주인공은?

테슬라 창업주이자 괴짜 사업가로 알려진 일론 머스크는 자신의 SNS를 통해 '최고의 탄소포집 기술에 1억 달러(한화 약 1,400억)의 상금을 걸겠다'고 발표했어요. 이 소식은 전 세계 공학자와 기업의 관심을 끌었을 뿐만 아니라, 탄소포집 기술에 대해 잘 알지 못했던 사람들까지도 호기심을 갖게했죠.

특히, 일론 머스크가 지구온난화를 막기 위해 이 대규모 경연 프로젝트를 열면서 탄소 포집·활용·저장(CCUS) 기술은 다시 주목받게 되

었어요. 이 기술은 탄소중립 실현에 꼭 필요한 기술로 인정되고 있었지만, 높은 비용과 기술적 어려움 때문에 발전 속도는 더뎠던 상황이었거든요. 그래서 많은 사람들은 이 프로젝트가 탄소중립의 *게임체인저가 될 것이라 기대했어요.[1]

> * 게임 체인저(Game Changer)
> 시장의 흐름을 바꾸고 새로운 기준을 만드는 사람, 사건, 서비스, 또는 제품 등을 가리키는 용어

그리고 마침내 2021년 4월 22일, '엑스프라이즈 탄소 제거(XPRIZE Carbon Removal)' 대회가 공식적으로 개최되었어요. 일론 머스크는 2025년 지구의 날(4월 22일)까지 연간 1,000톤 규모의 이산화탄소(CO_2)를 제거하는 기술을 시연하고, 향후 10억 톤 규모로 확장할 수 있는 지속가능한 계획을 제시한 팀에게 엄청난 상금을 수여하겠다고 발표했죠.[2]

이 대회에는 전 세계에서 1,100개 이상의 팀이 참가했다고 해요. 과연 2025년, 최종 우승 팀은 어느 팀이 될까요? 그리고 그 기술이 탄소 중립 실현에 새로운 희망이 될 수 있을까요?

CCS? CCU? CCUS!

이산화탄소(Carbon)를 포집(Capture)하여 저장(Storage)하는 CCS와, 포집한 이산화탄소를 활용(Utilization)하는 CCU를 아우르는 용어가 바로 CCUS예요. 쉽게 말해, 대기 중 이산화탄소(CO_2)를 잡아 저장하고 활용하는 기술이죠.

초창기에는 이산화탄소를 포집해 저장하는 CCS 기술이 먼저 등장했어요. 이 기술은 대량의 이산화탄소를 처리할 수 있는 효과적인 방법으로 주목받았지만, 넘쳐나는 이산화탄소를 모두 지하에 저장하는 것은 현실적으로 어려웠어요. 저장량의 한계와 비용 문제, 그리고 지진과 같은 자연재해로 인한 유출 가능성 등 안전성 우려가 제기되었기 때문이에요. 이런 이유로, 이산화탄소를 단순히 저장하는 것을 넘어 어떻게 활용할 수 있을지를 고민하면서 CCU가 개발되었고, 결국 이 두 가지 기술을 결합한 CCUS가 오늘날 더욱 주목받게 되었답니다.

탄소 모으기 : Carbon Capture

대기에 퍼져 있는 이산화탄소(CO_2)를 포집하는 기술은 마치 광활한 사막에서 작은 돌멩이를 골라내는 것처럼 어렵고 복잡한 과제예요. 특히, 이산화탄소의 농도가 낮을 때는 더욱 그렇죠. 그래서 탄소 포집 기술은 주로 화력발전소, 제철소, 시멘트 공장 등과 같은 대규모 산업 공정 시설의 배출가스에 우선 적용돼요. 이런 시설들은 이산화탄소를 대량으로 배출하기 때문에, 이곳에서 탄소를 포집하는 것이 훨씬 효율적이거든요.

이산화탄소를 포집하는 기술은 이산화탄소를 포집하고 분리하는 공정의 위치에 따라 대표적으로 연소 전, 연소 중, 연소 후 포집의 세 가지 방법으로 나뉘어요. 간단히 소개하자면, 화석연료의 연소 전에 탄소를 포집하는 <연소 전 포집 기술>, 연료를 연소할 때 공기 대신 고순도 산소(O_2)를 공급해 이산화탄소를 분리·포집하는 '순산소 연소 방식' 등이 포함된 <연소 중 포집 기술>, 그리고 화석연료의 연소 후 배출된 가스에서 탄소를 선택적으로 포집하는 <연소 후 포집 기술>이 있어요.

이렇게 다양한 방법으로 걸러진 이산화탄소는 압축된 후 파이프라인이나 트럭, 선박 등을 통해 저장되거나 활용될 장소로 운반된답니다.

탄소 저장하기 : Carbon Storage

자, 이제 모아진 탄소는 오랫동안 안전하게 보관될 수 있도록 적절한 장소를 찾아야 해요. 육지나 바다의 깊은 땅속이 적합한데요. 먼저, 이산화탄소(CO_2)를 땅속에 보관하기 위해서는 몇 가지 필수 조건을 충족해야 해요. 효과적으로 주입하고 안정적으로 저장하려면 충분한 공극률과 투수성, 적절한 온도와 압력이 유지되어야 해요. 그리고 보관된 지역에는 가스를 밀봉할 단단한 암석층이 있어야 누출을 방지할 수 있죠. 이러한 조건을 고려하여 선정된 주요 후보지로는 지하의 고갈된 유전 장소, 석탄층, 심부염수층 등이 있어요. 또한, 해저 3,000m

이하에 이산화탄소를 분사해 저장하는 '해양저장' 방법도 있답니다. 이처럼 다양한 방법을 활용하면 많은 이산화탄소를 효과적으로 저장할 수 있어요. 하지만 실제 적용하기에 어려운 문제들도 존재하는데요. 우선, 넓고 적합한 저장장소를 확보하기 어렵고, 지진이나 기타 자연재해로 인해 저장된 이산화탄소가 누출될 가능성도 고려해야 해요. 특히 해양저장의 경우, 해양의 산성화와 생태계 파괴와 같은 안전성 문제도 꾸준히 제기되고 있죠. 이런 이유로 CCS 기술은 계속 발전하고 있지만, 아직은 제한적으로만 사용되고 있어요. 따라서 이 기술을 적극적으로 상용화하는 국가들과 그렇지 않은 국가들의 편차도 커지고 있는 추세예요.

하지만 이 기술 없이는 탄소중립이 불가능하다는 평가가 내려지고 있는 만큼, 현재의 한계를 극복할 좋은 방법들이 계속해서 발전될 것으로 전망돼요. 전 세계에서 탄소포집 기술이 가장 잘 준비된 국가로 평가받는 미국과 캐나다처럼 우리나라도 CCS에 관한 기술력, 규제와 정책, 시설에 대한 준비를 체계적으로 해나가야 해요.

탄소 활용하기 : Carbon Utilization

탄소의 저장을 넘어 연료나 화학제품 등 유용한 물질로 전환하는 것을 CCU기술이라고 해요. 기존에 골칫거리로 여겨지던 이산화탄소(CO_2)를 유용한 자원으로 다시 쓸 수 있는 아주 멋진 기술이죠. 포집된 이산화탄소는 광물화, 생물전환, 화학전환 등 다양한 방식으로 활용될 수 있어요.

먼저, 이산화탄소를 탄산칼슘($CaCO_3$)으로 진환하면 이를 활용해 시멘트와 같은 건축자재를 만들 수 있어요. 또, 조류나 미생물이 이산화탄소를 흡수해 대사 과정에서 바이오 연료, 지방산, 플라스틱 소재 등 다양한 물질을 만들어 낼 수 있죠. 혹은 이산화탄소 속 탄소(C)를 이용하여 다양한 탄소화합물을 만드는 화학전환 방법을 활용하면 에틸렌, 개미산, 메탄올, 합성가스 등 다양한 화학물질을 만들어 낼 수 있답니다. 이렇게 만들어진 다양한 종류의 탄소화합물들은 건축자재부터 식음료, 농업, 화장품, 의약품 등 다양한 분야에서 폭넓게 활용될 수 있어요.

그러나 아쉽게도 아직은 높은 기술적 난이도와 막대한 개발비용으로 상용화가 쉽지 않은 상황인데요. 그럼에도 불구하고, 탄소중립 실현을 위한 핵심기술로 CCUS가 주목받고 있는 만큼, 앞으로 꾸준히 발전해 나갈 것으로 기대되고 있어요. 머지않아 대기에서 회수된 이산화탄소를 포집하여 만든 '탄소중립 콜라'를 마트에서 만나볼 수 있지 않을까요?

3줄 인사이트
- 탄소를 저장하거나 활용하기보다는 애초에 배출을 줄이는 것이 더 효과적이다.
- 높은 에너지 소모와 비용, 기술적 난이도 등의 이유로 상용화가 쉽지 않다.
- CCUS 과정에는 상당한 에너지가 필요하기 때문에 오히려 추가적인 이산화탄소(CO_2)가 배출될 수도 있다.

그린수소, 블루수소, 그레이수소

화합물 형태로 어디에서나 존재하고, 연료로 사용할 경우 열과 전기, 그리고 물만 남겨 청정에너지로 불리는 수소(H_2)! '무색, 무취, 무미'인 줄 알았던 수소가 색깔이 있다고요? 실제로 수소 자체에 색깔이 있는 건 아니고요, 수소를 만드는 방법에 따라 색깔로 구분해서 말한답니다. 수소를 생산하는 과정이 얼마나 청정하고 친환경적인지 쉽게 이해할 수 있도록 색깔로 나눈 것이죠.

수소(H_2)는 에너지를 전달하는 에너지운반체(energy carrier) 역할을 해요!

- 그레이 수소(개질수소, 부생수소): 천연가스(주성분:CH_4)와 고온의 수증기(H_2O)를 반응시켜 수소를 만드는 '개질수소'와 석유화학 제품 생산이나 철강 공정에서 발생하는 부생가스(공정 부산물에 포함된 가스)에서 수소를 걸러 사용하는 '부생수소'를 의미해요. 이 과정에서는 이산화탄소(CO_2)가 배출돼요.
- 블루 수소: 그레이 수소를 생산하는 과정 중 발생하는 이산화탄소를 포집하여 저장하거나 활용함으로써 대기 중으로 배출되는 이산화탄소를 줄이는 수소를 말해요.

그레이 수소 - 이산화탄소 = 블루 수소

- 그린 수소(수전해 수소): 대표적인 친환경 에너지 수소에요. 태양광, 풍력 등 신재생에너지를 통해 생산된 전기를 이용하여 수전해(전기분해)로 만들어진 수소(H_2)를 의미하죠. 생산 과정에서 이산화탄소를 배출하지 않아, 탄소중립 시대에 꼭 필요한 수소에요.

※ 이외에도 청록수소, 브라운수소, 핑크수소, 노랑수소 등 생산방식에 따라 수소를 구분하기도 해요. 이는 각 생산방식의 환경 영향을 직관적으로 표현하고, 대중이 쉽게 이해할 수 있도록 돕기 위해서랍니다.

수소는 왜 에너지 운반체인가요?

우리에게 필요한 최종 에너지는 전기! 재생에너지로 만든 전기를 굳이 수소(H_2)로 전환한 뒤에 다시 전기로 변환해 사용하는 이유는 무엇일까요? 그 이유는 전기를 효율적으로 저장하고 먼 거리까지 운반하기 위해서에요. 물론 수소로 전환하고 다시 전기로 변환하는 과정에서 일부 에너지 손실이 발생하지만, 여전히 대규모 저장과 운송에는 유리한 방식이라 할 수 있어요.

자연의 힘을 이용한 재생에너지는 설치 장소가 제한적일 뿐만 아니라, 날씨와 시간에 따라 전기 생산량이 크게 달라져요. 따라서 날씨가 좋을 때는 전기를 많이 생산해두고, 그 전기를 어디엔가 차곡차곡 저장해 둘 필요가 있어요. 이것이 바로 배터리의 역할이에요. 하지만 많은 양의 전기를 배터리에 충전해두려면 그만큼 큰 용량이 필요하기에 비용과 저장 공간 측면에 비효율적일 수 있어요.

이때, 재생에너지로 생산된 잉여 전기를 더 많이 저장하고, 운반하기 쉬운 형태로 바꿀 필요가 있는데, 그게 바로 수소예요. 수소는 중량 대비 에너지 밀도가 높아 장거리 운송에 유리하고, 다양한 형태로 저장할 수 있어 효율적으로 관리할 수 있죠. 그래서 수소를 에너지 운반체라고 부르는 거예요.

전기차 vs 수소차

만약 지금 차를 구매한다면, 우리는 다양한 선택지에 마주하게 될 거에요. 특히 내연기관차와 친환경자동차 사이에서 고민이 깊어지겠죠. 내연기관차는 여전히 많은 인기를 누리고 있지만, 최근 친환경자동차에 대한 관심도 빠르게 높아지고 있어요. 그렇다면 내연기관차와 친환경자동차, 그리고 수소차와 전기차는 무엇이 다를까요? 하나씩 살펴보면서, 환경과 나에게 더 좋은 이동수단은 무엇일지 고민해봐요.

내연기관 자동차와 친환경자동차

먼저, 내연기관 자동차와 친환경 자동차를 비교해볼게요. 내연기관 자동차는 우리가 일상적으로 접하는 휘발유, 경유, LPG 등 화석연료를 사용하는 차량이에요. 이 차량들은 내연기관에서 연료를 연소하여 동력을 얻고, 그 에너지를 이용해 차량을 움직이게 해요.

반면, 친환경 자동차는 주로 화석연료 사용을 줄이거나 대체 에너지를 활용해요. 내연기관이 없이 배터리와 전기모터로 구동되거나, 내연기관과 전기모터를 결합한 방식(하이브리드) 등이 있어요. 특히 전기차와 수소차는 주행 중 유해 배출물이 거의 발생하지 않아요.

2050탄소중립위원회(2021.10)

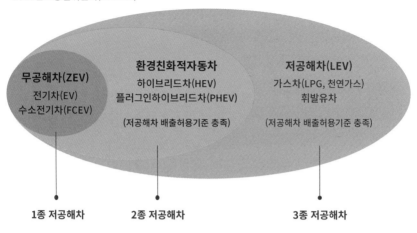

친환경 자동차 종류 및 범위

수소차와 전기차의 차이

다음으로 수소차와 전기차의 차이점에 대해 알아볼까요? 두 차종 모두 친환경 자동차로 전기를 사용하지만, 그 방식과 장단점이 달라요.

전기차는 이름 그대로 배터리에 저장된 전기를 이용해 모터를 구동하는 차로, 충전소에서 전기를 충전해 사용합니다. 반면, 수소차는 수소(H_2)를 연료로 사용하여, 자동차 내부의 연료전지에서 수소(H_2)와 산소(O_2)를 화학 반응시켜 전기를 생성한 후 모터를 구동하는 차예요. 그래서 수소차를 정확히 말하자면 '수소 연료전지차'라고 하죠. 결국, 두 차량 모두 전기로 움직이지만, 사용하는 에너지원과 방식이 달라요.

그렇다면 왜 수소차를 선택할까요? 이유는 충전 시간과 방식, 주행거리에서 차이가 있기 때문이에요. 수소차의 가장 큰 장점 중 하나는 충전 시간이 짧다는 점이에요. 전기차는 배터리를 완전히 충전하는

데 상당한 시간이 걸리지만, 수소차는 주유하듯 몇 분만에 충전이 완료돼요. 또한, 수소차는 한 번 충전으로 600km 이상 주행할 수 있어, 일반적인 전기차보다 주행 거리가 길고 장거리 운행에 유리하죠.[3]

그럼, 많은 사람들이 수소차를 선택하겠네요? 그렇지만은 않아요. 우선, 수소차는 충전 인프라가 부족해요. 전기차 충전소는 이미 많은 곳에 설치되어 있어 충전하기가 비교적 쉬운 반면, 수소 충전소는 아직까지 충분히 확충되지 않은 상태라, 수소차를 소유하려면 가까운 곳에 수소 충전소가 있는지 미리 확인해야 해요. 또한, 비용 문제도 있어요. 한 조사 결과에 따르면, 수소차의 초기 구매 비용이 전기차보다 약 1.5배 더 비싸다고 해요. 이는 수소차에 사용되는 연료전지와 같은 고가의 부품이 아직 대량생산되기 어렵고 전기차가 상대적으로 기술 상용화에 앞서 있기 때문이에요.[4][5]

이런 이유로 전기차는 충전 인프라가 잘 갖춰져 있고, 주로 도심이나 단거리 운행에 적합해 많은 개인 소비자들이 선호하고 있어요. 반면, 수소차는 빠른 충전 시간과 긴 주행 거리 덕분에 장거리 운행이 많은 대형차나 운송 차량에서 더 적합해요. 결국, 전기차와 수소차는 각자의 장점을 살려 공존할 가능성이 크며, 이는 소비자의 다양한 요구와 운행 패턴에 부합하는 선택지를 제공할거에요. 기술이 발전하고 충전 인프라가 확충되면서, 수소차 또한 점점 더 많은 사람들에게 매력적인 선택이 될 수 있을 거라 기대돼요.

결론적으로 전기차와 수소차 모두 환경을 보호하고 지속가능한 미래를 위한 중요한 역할을 하게 될 거예요. 따라서, 앞으로 어떤 차를 선택해야 할지 고민할 때, 자신의 운행 패턴과 용도에 맞춰 전기차와 수소차의 특성을 잘 비교해보는 것이 중요하겠죠.

얼마나 친환경적일까?

내연기관차가 배출하는 배기가스는 대기오염과 온실가스의 주요 원인 중 하나예요. 따라서 대기오염 문제와 지구온난화를 해결하기 위해선 내연기관차 대신 친환경자동차로 전환하는 노력이 필요하죠.

수소차와 전기차는 모두 전기로 주행하기 때문에 주행 중 이산화탄소(CO_2)나 질소산화물 같은 오염물질을 배출하지 않아요. 특히 수소차는 수소(H_2)와 산소(O_2)를 반응시켜 전기를 만들 때 공기를 흡입해 필터링하기 때문에 주행 중 공기정화 효과도 있어요.

그러나 한 가지 중요한 점은 전기와 수소를 생산하는 과정에서 발생하는 온실가스예요. 현재 대부분의 전기와 수소는 화석연료를 사용해 생산되고 있어요. 그렇기 때문에 전기차와 수소차가 주행 중에는 배출가스를 줄일 순 있어도, 연료를 생산하는 과정에서는 여전히 온실가스가 발생돼요. 따라서 친환경 자동차가 진정한 친환경 효과를 얻으려면 재생 가능한 에너지로 수소와 전기를 생산해야 해요. 이렇게 하면 그마저 발생되는 온실가스까지 거의 없앨 수 있답니다.

3줄 인사이트
- 진정한 친환경 자동차란 차량의 생산부터 폐기, 그리고 연료(전기와 수소) 생산 과정까지 친환경적인 요소를 최대한 고려해야 한다.
- 대규모 전기차 충전 수요는 전력망의 부하를 증가시킬 수 있으므로, 이를 해결하기 위해 스마트 그리드 기술과 에너지 저장 시스템 등 다양한 기술과 인프라의 조화가 필요하다.
- 지속가능한 친환경 자동차 산업을 위해서는 배터리와 연료전지의 재활용, 그리고 친환경적인 원자재 확보가 필수적이다.

2050 지구사용설명서

04

탄소발자국
· · · · · · · · · ·

탄소발자국이란 우리가 일상생활에서 에너지와 자원을 사용하면서 배출되는 온실가스를 의미해요. 즉, 우리가 어떤 선택과 행동을 할 때 얼마나 많은 온실가스를 배출하는지를 나타내죠. 탄소발자국은 우리의 생활이 지구에 얼마나 영향을 미치는지를 보여주는 상징적인 지표예요. 우리가 지구 환경을 아끼지 않으면 탄소가 가득한 검은 발자국을 남기게 되고, 일상생활에서 조금만 신경 쓴다면 녹색 발자국을 남길 수 있어요.

우리는 그동안 지구에 얼마나 많은 발자국을 남겼을까요? 한국의 1인당 연간 탄소 배출량은 약 14톤 $CO_2eq.$로, 하루에 약 38kg $CO_2eq.$ 정도에요.[6] 우리가 먹고, 자고, 생활하는 동안 온실가스가 매일 이렇게 쌓이고 있는 거죠. 물론, 해외여행을 다녀오면 이보다 훨씬 많은 탄소발자국을 남기게 되고요.

그렇다고 탄소발자국이 걱정된다고 해서 아무것도 안 하거나, 여행을 포기할 수는 없겠죠? 그렇다면 어떻게 하면 좋을까요. 환경을 위해 라이프스타일을 완전히 바꾸는 것만이 답일까요? 사실, 일상생활을 그대로 유지하면서도 탄소발자국을 줄일 수 있는 방법이 있어요. 여기서 소개할 방법들은 이미 익숙하겠지만, 그만큼 중요하답니다.

우리가 매일 조금씩 줄인 온실가스가 쌓이면, 일 년 뒤 얼마나 큰 변화를 만들 수 있는지 '김탄소와 김중립의 하루 일과'를 통해 비교해 볼게요. 앞으로 소비하는 모든 것들에 환경을 위한 노력과 습관이 반영된다면 분명 환경과 나의 삶에 좋은 발자국을 남길 수 있을 거예요. 참, 전기세 절감은 덤이에요!

3줄 인사이트
- 재생에너지로의 전환: 탄소발자국을 줄이는 가장 효과적인 방법은 화석연료 기반의 에너지 체계를 신재생에너지로 전환하는 것으로, 이는 탄소배출량을 크게 줄이는 핵심전략이다.
- 일상적인 친환경 습관: 개인의 작은 노력이 쌓이면 사회 전체에 큰 변화를 가져올 수 있다는 인식을 갖고, 실천하는 것이 중요하다.
- 탄소라벨의 신뢰성: 소비자들이 친환경적인 선택을 할 수 있도록 돕는 '탄소라벨'은 투명성과 신뢰성이 보장될 때 비로소 소비자들의 신뢰를 얻을 수 있다.

체크리스트: 탄소발자국편

나는 평소에 어떤 발자국을 남기고 있을까요?
아래 항목들에 살펴보며, 나의 생활 습관을 점검해보세요!

	체크하기	실천수칙
집에서		**난방온도 2℃ 낮추고 냉방온도 2℃ 높이기** · 적정 실내온도: 여름철 25~28℃, 겨울철 18~20℃
		전기밥솥 보온기능 사용 줄이기 · 남은 밥은 먹을 만큼씩 나눠 냉동보관하기
		냉장고 적정용량 유지하기 · 냉장고를 벽과 거리를 둬서 배치하고 뒷면 방열판은 주기적으로 청소하기 · 냉장실은 냉기가 잘 순환할 수 있도록 60%만 채우기
		물은 받아서 사용하기 · 설거지할 때 설거지통 사용하기 · 양치할 때 컵 사용하기 · 기름기 있는 용기는 휴지 등으로 닦아낸 후 기름기가 없는 용기와 분리해 설거지하기
		창틀과 문틈 바람막이 설치하기
		가전제품 대기전력 차단하기 · 간헐적으로 사용하는 제품(에어컨 등)을 사용하지 않을 때는 콘센트 뽑기 · 휴가, 명절 등 오랜 기간 집을 비울 때는 가전제품의 콘센트 뽑기 · 가전제품을 바꿀 때 대기전력이 낮은 제품이나 절전모드가 있는 제품 구매하기
		고효율 가전제품 사용하기 · 냉장고, 에어컨과 같이 전력소비가 높은 가전제품은 1등급 제품 구매 고려하기

소비할 때		**품질이 보증되고 오래 사용가능한 제품사기** · 제품 구매시 품질보증마크(Q마크, K마크)를 확인하고 구매하기
		저탄소 인증 농축산물 이용하기 · 농축산물은 저탄소 농축산물 인증 마크를 확인하고 구매하기

		우리나라, 우리 지역 식재료 이용하기
		· 식재료는 생산·유통·보관하는 과정에서 온실가스가 배출되므로
		  수입산보다는 국내산을, 먼 지역보다는 가까운 지역에서 생산한
		  것을 구매하기

이동할 때		**개인용 자동차 대신 대중교통 이용하기** · 버스, 지하철, 기차 등 대중교통 적극 이용하기
		전기·수소 자동차 구매하기 · 자동차 교체 시기에 전기 자동차 또는 수소 자동차 구매하기
학교와 일상에서		**교복 물려주기**
		음식은 먹을 만큼만 담기
		인쇄시 종이사용을 줄이기 · 프린터 출력시 가능한 양면인쇄, 모아찍기, 흑백인쇄하기
		정부, 기업, 단체 등에서 추진하는 나무심기 운동 참여하기
		산림보호를 위해 산불 예방하기 · 등산시 인화물질을 소지하지 않기

※ 환경부- '탄소중립 생활 실천 안내서'을 참고하여 작성되었어요.

김탄소의 하루 온실가스 총 배출량 = 29kg CO_2e

기타 가정내 에너지소비

1) 24시간 가전제품 가동(냉장고 등)
⋯→ 약 1.57kgCO_2e

2) 기타 ⋯→ 약 1.3kgCO_2e

참고) 가전제품 사용 1회기준
세탁기 0.5kwh
식기세척기 1kwh | 건조기 1kwh

참고) 1인당 물 소비량 302L
> 0.1kgCO_2e
커피1잔 > 0.05kgCO_2e

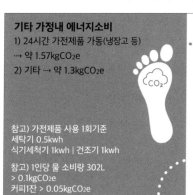

저녁식사와 휴식

1) 저녁메뉴: 소고기 ⋯→ 약 7.7kgCO_2e

2) 전기사용: 2kwh 사용 ⋯→
약 0.84kgCO_2e

참고) 1kwh 전기는, LED TV
약 5~8시간 시청 에어컨
약 40~90분 사용

퇴근하면서 장보기

1) 자동차로 마트가기(5km) ⋯→
약 0.96kgCO_2e

2) 마트에서 물건 소비 ⋯→
약 2.88kgCO_2e

품명	온실가스 양
햇반	277 g
물티슈	517 g
키친타올	1480 g
과자	250 g
오렌지주스	360 g

직장생활과 점심식사

1) 컴퓨터 9시간 사용: 2.7kwh사용
⋯→ 약 1.27kgCO_2e

2) 점심 식사 ⋯→ 약 4.1kgCO_2e

점심식단
잡곡밥 | 김치찌개
달걀후라이 | 깍두기 | 콩나물

출근길

1) 내연기관차로 출근(왕복 30km)
⋯→ 약 5.8kgCO_2e

참고) 경유차 0.189kgCO_2e/km
휘발유차 0.192kgCO_2e/km
하이브리드차 0.141kgCO_2e/km
전기차 0.094kgCO_2e/km

집에서 일어나서 출근 준비

1) 전기사용: 1kwh 사용 ⋯→ 약 0.42kgCO_2e

2) 간단한 아침 식사 ⋯→ 약 2.4kgCO_2e

아침식단
쌀밥 | 된장국
멸치조림 | 콩조림 | 배추김치

참고) 1kWh 전기는,
인덕션(3구) 약 30분 사용
헤어드라이기 (1,600w) 약 37분 사용

※본 자료는 탄소 배출량의 개념과 감축의 중요성을 알리기 위한 참고 자료입니다.
실제 탄소 배출량은 상황에 따라 다를 수 있습니다.

김중립의 하루 온실가스 총 배출량 = 21kg CO₂e

하루동안 줄인 온실가스양 8kg CO₂e, 일년이면 8kg CO₂e x 365일 = 2.9톤 2.9톤의 온실가스를 줄이는 것은 약 365그루의 나무를 심는 효과와 비슷하답니다!

기타 가정내 에너지소비
1) 24시간 가전제품 가동
(냉장고 등) ⋯ 약 1.57kgCO₂e
2) 그 외 ⋯ 약 0.6kgCO₂e

탄소중립시대 슬기로운 집안일
· 빨랫감은 모아서 한번에 세탁해요.
· 세탁기는 찬물로 돌려요.
· 적은양의 빨래는 건조기보다 널어놔요.
· 물사용을 줄이기 위해 절수기를 사용해요.

저녁식사와 휴식
1) 저녁메뉴: 소고기 ⋯ 약 5.39kgCO₂e
2) 전기사용: 2kwh 사용 ⋯
약 0.84kgCO₂e

국내산 소고기 VS 수입산 소고기
수입 소고기의 온실가스 배출량이 국내산 소고기보다 약 10-30% 더 높은 것으로 추정돼요. 그 이유는 운송 거리와 사육 방식의 차이 때문이에요.

퇴근하면서 장보기
1) 자동차로 마트가기(5km) ⋯ 약 0.47kgCO₂e
2) 마트에서 물건 소비 ⋯ 약 2.38kgCO₂e

품명	온실가스 양
햇반	251 g
물티슈	430 g
키친타올	1233 g
과자	192 g
오렌지주스	276 g

탄소중립시대 슬기로운 쇼핑방법
· 저탄소인증 제품을 고려하여 구매해요.
· 과대포장된 제품은 지양해요.

직장생활과 점심식사
1) 컴퓨터 9시간 사용: 약 0.9kgCO₂e
2) 점심 식사 ⋯ 약 4.1kgCO₂e

탄소중립 시대 슬기로운 PC사용법
· 절전모드로 설정하기
· 불필요한 프로그램 및 데이터는 주기적으로 삭제하기
· 모니터 밝기를 50% 이하로 조절하기
· 장시간 사용하지 않을 경우, PC 전원 차단하기

출근길
1) 전기차로 출근 (왕복 30km)
⋯ 약 2.82kgCO₂e

집에서 일어나서 출근 준비
1) 전기사용 : 1kwh 사용 ⋯ 약 0.42kgCO₂e
2) 간단한 아침 식사 ⋯ 약 1.8kgCO₂e
(쌀밥, 된장국, 짱아찌, 달걀후라이)

도움말
· 스마트 플러그 사용시 불필요한 전력소비를 막을 수 있어요!
· 로컬 식재료를 이용하여 맛있는 아침식사를 차려봐요.
· 조리시 열 사용을 줄일 수 있는 생채 메뉴도 좋아요.

그린워싱

피지의 어느 휴양지, 해변을 따라 걷던 제이 웨스터벨트는 햇살이 반짝이는 옥색 바다 위에 자리 잡은 방갈로를 발견했어요. 리조트는 확장 공사가 한창 진행 중인 듯 보였죠. 멸종 위기에 처한 동물들의 서식지를 연구하는 웨스터벨트는 그 광경에 마음이 무거워졌습니다. '인간의 욕심이 또 다른 생명체의 집을 빼앗고 있구나'라는 생각이 들었거든요.

리조트에 들어와 발에 묻은 모래를 털고 욕실로 들어가니, 눈에 띄는 안내문이 있었어요.

"지구를 위해 수건을 재사용해주세요. 수천 리터의 물과 세탁 세제를 절약할 수 있습니다."

웨스터벨트는 그 안내문을 한참을 바라보았습니다. 그리고 무수한 질문이 머릿속을 스쳐갔죠.

'리조트 밖에서는 자연을 파괴하며 방갈로를 짓고 있는데, 리조트 안에서는 고객들만 환경 보호를 위해 노력하라고?'

'환경 보호가 목적이 아니라 세탁비용과 인건비를 줄이려는 의도 아니야?'

'정말로 이런 리조트가 우리에게 환경을 보호하자고 말할 자격이 있나?'

그리고 그는 고개를 저으며 말했어요.

"이건 완전히 환경을 위하는 척하지만, 알고 보면 말만 그럴듯한 '그린워싱'이네."

※ 이 내용은, 미국의 환경운동가 제이 웨스터벨트(Jay Westerveld)가 피지 여행 중 겪은 일화를 바탕으로 각색한 것으로, '그린워싱'이라는 용어를 처음 언급한 사례로 알려져 있습니다.

그린워싱(Green washing)

미국의 환경운동가이자 생태학자로 알려진 제이 웨스터벨트(Jay Westerveld)가 에세이에서 처음 언급한 것으로 알려진 그린워싱은, 범죄 또는 불쾌한 사실을 숨기는 현상의 뜻인 화이트워싱(Whitewashing)과 환경을 의미하는 그린(Green)을 합쳐 만들어졌어요. 상품이나 서비스가 실제로는 친환경적이지 않음에도 친환경적인 척 과장하고 허위로 만들어낸 좋은 이미지를 통해 경제적 이득을 취하는 것을 그린워싱, 위장환경주의라고 해요.

그린워싱의 의미는 시간이 지나면서 확장되고 변화해 왔어요. 초기에는 단순히 환경 보호를 하지 않으면서 친환경적인 척하는 행위를 뜻했지만, 이제는 기업이나 단체가 환경을 위한 노력을 과장하여 홍보하는 행위까지 포함하고 있어요.

그린마케팅

요즘에는 가격이 조금 더 비싸더라도 친환경 제품을 구매하겠다는 소비자들이 늘고 있어요. 이제 소비자들은 제품의 품질만 보는 것이 아니라, 환경적 책임을 고려하는 가치 소비를 원하는 추세인데요. 환경을 생각하면서 소비를 지향하는 *'**그린슈머**'가 늘어나면서, 기업들은 환경친화적인 제품이나 서비스를 판매하고 홍보하는 마케팅 전략, 즉 그린마케팅을 활용하고 있어요.

많은 기업이 이러한 소비 트렌드를 반영하여 친환경 기업 이미지를 구축하고, 친환경제품을 선보이고 있는데요. 친환경 원료를 사용하거나 생산 과정에서 환경오염을 줄인 제품을 제작하고, 환경 보호 운동에 참여하는 등의 활동을 통해 소비자들에게 어필하고 있죠. 대표적인 기업으로는 파타고니아가 있어요. 파타고니아는 재활용 소재를 활용한 제품을 제작하고, 환경 보호 캠페인을 적극적으로 지원하며, 투명한 공급망 관리를 통해 친환경 기업의 모범 사례로 자리 잡았답니다.

---

* 그린슈머(Greensumer)
녹색(Green)과 소비자(Consumer)의 합성어

반면에, 그린마케팅을 잘못 활용하는 기업들도 있어요. 일부 기업들은 실제로 친환경적이지 않은 제품을 홍보하며 '그린워싱' 논란을 일으키기도 하죠. 예를 들어 유기농이나 천연 원료를 강조하는 제품 중 일부는 실제로 천연 성분비율이 낮거나 그 효과가 미미한 경우가 있어요. 또, 환경과 관련이 없는 제품에 '친환경', '지구 보호', '지속가능' 같은 문구를 남발하기도 해요. 뿐만 아니라, 여러 번 사용해야만 비로소 환경보호 효과가 있는 에코백이나 텀블러를 무분별하게 증정하는 이벤트도 오히려 환경에 부정적인 영향을 끼칠 수 있어요. 심지어 친환경마크를 자체적으로 만들어 붙여 소비자를 오해하게 만드는 사례도 있고요.

기업들이 그린마케팅을 통해 긍정적인 효과를 얻기 위해서는, 무엇보다 진정성을 갖추는 것이 중요해요. 소비자들이 친환경 제품이라고 믿고 구매했는데, 실제로는 그렇지 않다는 사실이 밝혀지면, 그린워싱 논란을 넘어 불매운동으로까지 이어질 수 있거든요. 어설픈 그린마케팅은 오히려 기업에게 독이 될 수밖에 없어요. 따라서 기업들은 진정성 있는 그린마케팅을 시도해야 하고, 소비자인 우리도 현명한 선택을 통해 그린워싱을 가려내고, 그린마케팅을 잘 실천하는 기업을 지지하는 것이 중요해요.

체크리스트: 그린워싱 판단하기

☐ **제품에 보이는 친환경마크, 공식 인증 받은 마크가 맞나요?**

- 기업에서 자체 제작하거나 민간 인증업체에서 보증한 친환경 마크는 실제 친환경 표준 기준에 미달될 수 있습니다. 환경부 인증 마크인지 확인하세요.

☐ **제품에 멸종위기동물, 북극곰, 푸른 나무, 초록색 등
친환경 느낌의 삽화가 그려져 있나요?**

- 이러한 삽화보다는 뒷면의 상품 설명란을 꼼꼼히 읽어보세요.

☐ **'친환경', '지구보호', '지속가능', '제로웨이스트', '자연과교감', '천연',
'무독성', '지구', '에코' 등 친환경성을 강조하는 광고 문구가 남발되어 있나요?**

- 목적 없이 남발되는 친환경 슬로건은 그린워싱일 수 있습니다. 상품 소개란에 친환경과 관련된 구체적인 근거가 적혀 있는지 확인하세요.

☐ **일부 친환경적 요소를 포함했다고 해서 제품 전체가
친환경적인 것처럼 과장되어 있지 않나요?**

- 플라스틱 사용량을 줄였다거나, 일부 친환경 원료를 사용했다고 해서 제품 전체가 친환경 제품인 것처럼 홍보하는 것은 과장일 수 있습니다. 구매 시 이러한 점을 유의하여 판단해 주세요.

☐ **제품 판매 수익의 일부를 환경에 기부한다고 해서 친환경 제품이 될 수 있을까요?**

-사회공헌활동을 많이 하는 것은 좋지만, 그보다 제품 제조 과정에서 발생하는 환경오염을 줄이는 것이 더 중요합니다. 제품 생산부터 소비자 손에 전달되기까지 전 과정에서 환경적 책임을 지는 것이 중요합니다.

3줄 인사이트
1. 성급한 그린마케팅은 오히려 기업에게 리스크를 초래할 수 있다.
2. 소비자를 오해하게 만드는 그린마케팅은, 실제 환경을 보호하려는 노력과는 상관없이 그린워싱으로 여겨질 수 있다.
3. 소비자들이 너무 높은 기대나 비현실적인 기준을 요구하면, 오히려 기업들이 부담을 느껴 친환경적 시도를 포기할 수도 있다.

LCA

· · · · ·

앞서 우리는 일상생활에서 친환경 제품을 소비하고, 절약을 실천하는 것이 환경에 큰 도움이 된다는 것을 알아보았어요. 하지만 우리가 아무리 노력해도 시장에 친환경 제품이 충분하지 않다면, 친환경적인 선택을 할 수가 없어요. 따라서 소비자들이 더 나은 선택을 할 수 있도록, 기업들도 '진정한 의미의 친환경 제품'을 개발하려는 노력이 필요해요.

'진정한 의미의 친환경 제품'이란, 원료채취부터 폐기까지 모든 과정에서 환경을 고려해 만들어진 제품을 말해요. 즉, 제품을 사용하거나 폐기되는 그 '순간'이 아니라, 제품의 전체 생애주기에서 환경 영향을 최소화하는 제품을 의미하죠.

많은 친환경 제품 중에서 '진정한 친환경 제품'을 가려내는 중요한 기준이 바로 전과정평가(LCA)예요. '전 생애주기평가'라고도 부르죠. LCA는 제품이나 서비스가 미치는 환경 영향을 원료채취, 생산, 유통, 사용, 폐기까지 전 과정에 걸쳐 평가하는 방법이에요. 온실가스 배출뿐 아니라 에너지 소비, 물 사용, 토지 사용, 대기 및 수질 오염, 자원 고갈 등 다양한 환경 영향을 분석하죠.

LCA를 통해 기업들은 제품의 전 과정을 면밀히 분석해 환경에 미

❶ 원료의 추출·수확 과정에서 생태계 미친 영향은?
❷ 제조 과정에서 발생한 온실가스 배출량은?
❸ 포장재는 재활용이 가능한가?
❹ 운송 과정에서 발생한 오염물질은 무엇인가?
❺ 제품 사용시 사용자와 환경에 미치는 영향은 무엇인가?
❻ 제품 폐기시 발생하는 폐기물의 유형과 양은?

치는 부정적인 영향을 최소화할 방법을 찾을 수 있어요. 이를 통해 소비자는 지속가능한 제품을 선택할 기회를 얻게 되죠.

만약, 우리가 LCA에 대해 관심을 가지고 이를 잘 실천한 기업의 제품을 선택한다면, 기업들도 더 지속가능한 제품을 개발하는 데 힘쓰게 될 거예요. 결국, 우리가 더 나은 선택을 할 때, 기업들도 변화하게 되는 것이죠.

ESG

·····

최근 몇 년 사이 'ESG' 관련 주제들이 전 세계적으로 큰 주목을 받고 있어요. 기업, 금융, 사회, 교육 등 다양한 분야에서 ESG경영이 주요 화두로 떠오르고 있죠. 기업들은 ESG 경영을 통해 소비자들의 신뢰와 관심을 얻고, 금융기관들은 ESG 실천 여부를 중요한 투자 기준으로 삼고 있으며, 사회 전반에서는 ESG의 중요성이 강조되고 있어요.

과거에는 업계 전문가들 사이에서만 논의되던 ESG가 이제는 일반 대중도 주목할 만큼 큰 파급력을 가지게 되었어요. 이는 ESG가 우리 사회 곳곳에 미치는 영향이 매우 크기 때문이에요. 사회적 이슈에 관심이 있는 사람이라면 ESG의 정확한 개념을 몰라도 'E.S.G'가 무엇을 의미하는지는 알고 있을 거예요. 또한, 현대 사회에서 기업들의 ESG 경영이 중요하다는 사실도 익히 들어봤을 거예요.

그렇다면 기업들은 왜 ESG 경영을 선택이 아닌 필수로 받아들이게 되었을까요? 그리고 소비자인 우리와는 어떤 관련이 있을까요? 지금부터 ESG가 등장한 배경과 주목받게 된 이유를 하나씩 살펴보며, 왜 ESG가 열풍인지 이해해 보도록 해요.

ESG는 무엇인가요?

ESG는 Environmental(환경), Social(사회), Governance(지배구조)의 약자예요. 이는 기업의 성과를 평가할 때 재무적 요소뿐만 아니라 비재무적 요소도 고려하는 평가 기준을 의미해요. 과거에는 기업 평가가 주로 재무적 성과에 집중되었다면, 이제는 환경 보호, 사회적 책임, 투명한 경영 구조 등 비재무적 요소까지 중요한 평가 기준으로 떠오르고 있어요.

- 환경(Environmental): 환경 보호를 위해 얼마나 노력하는지 평가돼요. 예를 들어, 탄소 배출을 줄이기 위한 활동, 재생 에너지 사용, 자원 절약 등이 있어요.
- 사회(Social): 사회적 책임을 얼마나 다하고 있는지 평가돼요. 이는 직원 복지, 노동권 보호, 지역사회 기여 등을 포함하며, 다양한 이해관계자들에게 공정하고 윤리적으로 대하는지가 중요한 평가 요소예요.
- 지배구조(Governance): 경영의 투명성과 공정성이 평가돼요. 여기에는 이사회 구성, 내부 통제 시스템, 주주 권리 보호 등이 포함돼요.

기업이 ESG 경영을 실천하면, 이익 추구와 더불어 사회와 환경에 긍정적인 영향을 미칠 수 있어요. 또한, 소비자와 투자자들로부터 '좋은 기업'으로 평가받게 되고, 장기적으로 기업의 가치 성장을 이끌어낼 수 있어요.

ESG는 최근 몇 년 사이 빠르게 확산되었지만, 사실 20년 전부터 논의되어 왔어요. 그렇다면 왜 최근 들어 ESG가 더욱 주목 받고 있을까요? 그 이유는 기후위기가 ESG를 확산시키는 촉매제가 되었고, 환경과 사회 문제를 해결하려는 인식의 변화와 강화된 규제가 함께 맞물렸기 때문이에요.

산업혁명 이후 약 250년 동안, 우리는 문명의 발전으로 많은 혜택을 누렸지만, 동시에 대기 오염, 수질 오염, 자원 고갈 같은 환경 문제와 노동 착취, 불평등 심화 같은 사회 문제도 겪어야 했어요. 공장에서 나오는 오염물질과 자연 파괴, 그리고 빠른 경제 성장은 사회적 불균형을 일으켰죠. 이런 문제들이 심각해지면서, 지속가능한 발전의 필요성이 점점 강조되기 시작했어요.

2000년대 초, 당시 유엔 사무총장이었던 코피 아난은 이러한 문제의 해답으로 '기업의 사회적 책임'과 '지속가능한 경영'을 제시했어요. 그는 자본주의 시장에서 사회적으로 책임 있는 기업에 투자한다면, 기업들이 더 지속가능하고 윤리적인 경영을 추구할 것이라고 믿으며 유엔 책임투자원칙(UN-Principles for Responsible Investment, UN-PRI)을 주도했어요. 이 원칙은 ESG 요소를 투자 의사결정에 반영해야 한다는 것이 핵심이었죠. UN-PRI는 기업들이 환경 보호와 사회적 책임을 실천하도록 유도하고, 이를 투자 기준으로 삼을 것을 권장했어요.

이후 PRI에 가입한 자산운용사, 투자회사, 은행, 주요 연기금 등 기관들은 ESG 원칙을 준수하며 이를 투자 의사결정 과정에 반영하기 시작했어요. 이러한 움직임은 기업들에게 지속가능한 경영을 실천하도록 강한 압박을 가하는 계기가 되었죠. 특히 국민연금, 블랙록 같은 대형 기관투자자와 글로벌 자산운용사들이 ESG 경영을 강력하게 요구하면서, 기업들은 ESG 기준을 충족하지 못하면 투자 유치에서 어려움을 겪을 위험에 직면하게 되었어요.

이로 인해 기업들은 ESG 기준을 충족하기 위해 더욱 노력하게 되었어요. 예를 들어, 탄소 배출을 줄이기 위한 친환경 기술을 도입하거나, *RE100이나 *CF100와 같은 이니셔티브에 가입하고, 노동자의 권리를 보호하며 지역사회에 긍정적인 영향을 미치기 위한 프로그램을 시행하는 등 다양한 시도를 하고 있어요. 이런 노력들은 단순히 투자 유치목적을 넘어, 기업의 이미지와 브랜드 가치를 높이고, 지속가능한 성장을 이루기 위한 장기적인 전략이기도 해요.

소비자들도 이제 제품의 품질과 가격뿐만 아니라, 기업이 환경을 보호하고 사회적 책임을 다하는지도 중요한 구매 기준으로 삼고 있어요. 친환경 원료를 사용하는 기업이나 공정 무역을 실천하는 기업들이 더 많은 지지를 받고 있죠. 이처럼 소비자들의 요구와 기업의 ESG 경영이 상호작용하며 긍정적인 순환을 만들어내고 있어요.

결국, 이러한 변화는 기업들이 지속가능한 경영을 실천하는 것이

---

* RE100
RE100은 "Renewable Electricity 100%"의 약자로, 기업이 사용하는 전력을 100% 재생 가능 에너지로 전환하겠다는 목표를 가진 글로벌 이니셔티브예요.
RE100에 가입한 기업들은 정해진 기간 내에 재생 가능 에너지 사용 비율을 100%로 전환하기 위해 구체적인 계획을 세우고 이를 실천하고 있어요.
* CF100
CF100은 "Carbon Free 100%"의 약자로, 탄소 배출이 없는 에너지원(무탄소 에너지)을 100% 사용하겠다는 목표를 가진 글로벌 이니셔티브예요.
CF100은 RE100과 달리 재생 가능 에너지뿐만 아니라 원자력, 청정수소 등 탄소를 배출하지 않는 모든 에너지원을 포함한다는 점에서 차이가 있어요.

더 이상 선택 사항이 아니라 필수 요소라는 점을 보여줘요. ESG 경영이 기업의 장기적인 성공과 생존에 핵심적인 역할을 한다는 인식이 널리 확산되면서, ESG가 현대 사회의 주요 화두로 자리 잡게 되었어요.

그린 인플루언서
· · · · · · · · · · · · ·

그린 인플루언서는 친환경을 뜻하는 '그린(Green)'과 대중에게 영향력을 끼치는 사람을 뜻하는 '인플루언서(Influencer)'를 합친 용어예요. 이들은 유튜브, 블로그, SNS 등 다양한 플랫폼을 통해 대중과 소통하며 친환경 활동을 확산시키고 있어요. 과거의 환경 보호 운동은 캠페인이나 행사 중심으로 진행되어 많은 사람들이 참여하기 어려웠다면, 최근에는 그린 인플루언서를 통해 누구나 쉽게 실천할 수 있는 방법들이 공유되어 많은 사람들이 친환경 활동에 동참하고 있어요.

사실, 요즘처럼 편리함을 추구하는 시대에 쓰레기를 줄이고 자원을 낭비하지 않는 건 정말 쉽지 않아요. 가볍게 소비하고 쉽게 버렸던 습관들을 고쳐야 하니까요. 그래서 매일매일 환경을 위해 노력하는 그린 인플루언서들이 더욱 대단하게 느껴져요.

우리도 모든 걸 바꿀 순 없겠지만, 그린 인플루언서들이 공유하는 콘텐츠를 통해 실천 가능한 것들은 하나씩 따라 해보면 어떨까요? 환경을 보호하는 활동이 꼭 불편한 것만은 아니거든요.

그린 인플루언서를 소개합니다.

@eco_jini   @쓰레기왕국

배우 박진희님은 연예계에서 가장 활발하게 환경 보호 활동에 앞장서고 있어요. 일상 속 작은 실천부터 예능, 다큐멘터리, 강연, 캠페인 등 다양한 분야에서 환경 보호의 중요성을 널리 알리고 있죠. 특히, 지속가능한 사회를 만들기 위해 자신의 영향력을 적극 활용하며, 많은 사람들이 함께 동참할 수 있도록 힘쓰고 있답니다.

유튜브 채널 '쓰레기 왕국'은 알파카를 닮은 안씨 '안파카'와 햄스터를 닮은 맹씨 '맹스터'가 제로웨이스트 라이프를 실천하며 겪는 일상을 담고 있어요. MZ세대인 두 친구가 제로웨이스트 라이프를 목표로 직접 도전하고 경험한 내용을 영상으로 생생하게 전하는데요, 톡톡 튀는 기획과 유쾌한 일러스트가 더해져 많은 사랑을 받고 있어요. 특히, '일회용품 없이 광장시장 즐기기'와 '제로웨이스트 여행 짐싸기' 같은 콘텐츠는 재미와 실용성을 겸비해 시청자들에게 큰 호응을 얻고 있죠. 다양한 영상 속 유쾌한 도전과 알찬 팁을 통해 많은 사람들이 친환경 실천에 동참하도록 독려하고 있답니다.

많은 사람들이 기후위기의 심각성을 인지하고 있지만, 관심을 넘어 행동하는 사람은 많지 않습니다. 막연한 두려움과 어디서부터 시작해야 할지 모르는 답답함이 그 이유일 것입니다.

다행히도 우리는 변화의 방향을 이미 설정했습니다. 2050 탄소중립이라는 글로벌 목표 아래, 세계 각국과 우리 사회는 빠르게 변화하고 있습니다. 에너지, 산업, 경제, 정책, 그리고 우리의 일상까지 새로운 기준을 향해 움직이고 있습니다. 이제 중요한 것은 우리가 이 변화를 얼마나 잘 이해하고, 얼마나 적극적으로 적응할 것인가 입니다.

이 책은 그러한 변화에 대한 이해와 적응을 돕기 위해 쓰였습니다. 지구온난화의 위험, 노력에도 불구하고 지속될 기후변화, 그리고 이 변화 속에서 우리가 어떤 역할을 할 수 있을지 고민하는 과정이 담겨 있습니다.

기후위기는 더 이상 막연한 미래의 위협이 아닙니다. 우리가 살아가는 사회와 경제, 그리고 개인의 삶을 실질적으로 변화시키는 현재의 문제입니다. 이제는 단순히 '알고 있는 것'에서 벗어나, '행동하는 것'에 대한 결단이 필요합니다.

그 변화는 우리가 내리는 작은 선택에서 시작됩니다. 이익, 효율성, 편리함과 함께 '환경'도 고려하는 것, 이는 정부의 정책, 기업의 기술뿐만 아니라, 우리의 소비 습관과 생활 방식에서도 중요합니다. 환경을 중심에 두었을 때, 사회와 경제, 기술의 변화는 단순한 성장에 그치지 않고, 사람과 지구를 위한 지속가능한 방향으로 나아갈 수 있습니다.

그 결과, 우리는 깨끗한 하늘 아래에서 더욱 안정적인 삶을 살아갈 수 있습니다. 지속가능한 미래는 스스로 만들어가는 것입니다. 그 길 위에서 우리가 함께할 수 있기를 바랍니다.

이 책을 끝까지 읽어주셔서 감사합니다.

감사의 글

이 책을 집필하는 과정에서 많은 분들의 도움을 받았습니다.

특히, 책의 과학적 정확성을 높이는 데 큰 도움을 주신 경기도교육청 장학사 이희나님,

탄소중립 관련 내용을 감수해 주신 서울시립대학교 이인규 교수님,

그리고 바쁜 일정 속에서도 귀중한 피드백을 제공해 주신 경기대학교 김동출 교수님께 깊이 감사드립니다.

또한, 과학을 통해 세상을 바라보는 새로운 시각을 전달하고자 하는 MID출판사의 가치관 덕분에 이 책이 세상에 나올 수 있었습니다.

그 뜻을 함께 고민하며 지원해 주신 최종현 대표님께도 감사드립니다.

아울러, 책의 내용이 독자들에게 더욱 쉽게 다가갈 수 있도록 세심한 디자인과 편집을 해주신 작가님께도 깊은 감사드립니다.

마지막으로, 좋은 세상을 만들기 위해 아낌없는 시간과 지식을 나누어 주신 모든 분들께 깊이 감사드립니다.

AI (Artificial Intelligence) ｜ 인공지능

AR (Assessment Report) ｜ 평가보고서

CCS (Carbon Capture and Storage) ｜ 탄소 포집 및 저장

CCUS (Carbon Capture, Utilization, and Storage) ｜ 탄소 포집, 활용 및 저장

CDM (Clean Development Mechanism) ｜ 청정개발체제

CF100 (Carbon-Free 100%) ｜ 무탄소 에너지 100%

CH₄ (Methane) ｜ 메테인

CNG (Compressed Natural Gas) ｜ 압축천연가스

CO₂ (Carbon Dioxide) ｜ 이산화탄소

CO₂eq. (Carbon Dioxide Equivalent) ｜ 이산화탄소 환산량

COP (Conference of the Parties) ｜ 당사국 총회

ESG (Environmental, Social, and Governance) ｜ 환경·사회·지배구조

ET (Emissions Trading) ｜ 배출권 거래제

Fe (Iron) ｜ 철

GWP (Global Warming Potential) ｜ 지구온난화지수

H₂O (Water) ｜ 물

He (Helium) ｜ 헬륨

HFCs (Hydrofluorocarbons) ｜ 수소불화탄소

IEA (International Energy Agency) ｜ 국제에너지기구

IoT (Internet of Things) ｜ 사물인터넷

IPCC (Intergovernmental Panel on Climate Change) ｜ 기후변화에 관한 정부 간 협의체

IUCN (International Union for Conservation of Nature) ｜ 국제 자연보전 연맹

JI (Joint Implementation) ｜ 공동 이행제도

LCA (Life Cycle Assessment) ｜ 전 과정 평가

LEDS (Long-term Low greenhouse gas Emission Development Strategy) ｜ 장기 저탄소 발전 전략

LNG (Liquefied Natural Gas) ｜ 액화천연가스

LPG (Liquefied Petroleum Gas) ｜ 액화석유가스

LULUCF (Land Use, Land Use Change, and Forestry) ｜ 토지이용, 토지이용 변화 및 임업

N₂O (Nitrous Oxide) | 아산화질소

NASA (National Aeronautics and Space Administration) | 미국 항공 우주국

NDC (Nationally Determined Contribution) | 국가결정기여, 흔히 국가 온실가스 감축 목표로도 불림

NF₃ (Nitrogen Trifluoride) | 삼불화질소

NOₓ (Nitrogen Oxides) | 질소산화물

O₂ (Oxygen) | 산소

OECD (Organisation for Economic Cooperation and Development) | 경제협력개발기구

PETM (Paleocene-Eocene Thermal Maximum) | 팔레오세-에오세 최대 온난기

PFCs (Perfluorocarbons) | 과불화탄소

ppbv (Parts Per Billion by Volume) | 부피당 10억 분의 1

ppmv (Parts Per Million by Volume) | 부피당 100만 분의 1

pptv (Parts Per Trillion by Volume) | 부피당 1조 분의 1

R&D (Research and Development) | 연구개발

RE100 (Renewable Electricity 100%) | 재생에너지 100%

SAF (Sustainable Aviation Fuel) | 지속가능 항공유

SF₆ (Sulfur Hexafluoride) | 육불화황

SOₓ (Sulfur Oxides) | 황산화물

UNCED (United Nations Conference on Environment and Development) | 유엔 환경 개발 회의

UNEP (United Nations Environment Programme) | 유엔 환경 계획

UNFCCC (United Nations Framework Convention on Climate Change) | 유엔 기후변화협약

UNPRI (United Nations Principles for Responsible Investment) | 유엔 책임투자원칙

WMO (World Meteorological Organization) | 세계기상기구

ZEB (Zero Energy Building) | 제로 에너지건축물

● 퀴즈 (20문항) ●

1. 온실가스를 감축하거나 흡수하여 순 배출량 0으로 만드는 것을 목표로 하는 개념은?

-> 탄소중립

2. 온실가스 중 가장 많은 비율을 차지하는 기체는 무엇인가요?

→ 이산화탄소(CO_2)

3. 산업혁명 이전(1850~1900년) 대비 지구 평균 기온 상승을 2℃ 이하로 억제하고, 1.5℃ 상승 이내로 유지하기 위해 노력해야 한다는 목표를 제시한 국제 협약은 무엇인가요?

→ 파리협정

4. 탄소중립을 선언한 주요 글로벌 기업들이 100% 재생에너지를 사용하겠다고 약속한 이니 셔티브의 이름은?

→ RE100

5. 태양 활동 변화, 지구 공전궤도 변화, 화산활동과 같은 자연 현상이 기후변화를 유발하면 어떤 원인으로 분류하나요?

→ 자연적 원인

6. 인간의 활동으로 인해 온실가스 배출이 증가하고, 산림이 훼손되면서 기후변화를 초래하면 어떤 원인으로 분류하나요?

→ 인위적 원인

7. 이산화탄소를 포함한 온실가스들이 지구 대기를 감싸고 열을 가두는 효과를 무엇이라고 하나요?

→ 온실효과

8. 전기를 생산할 때 탄소를 배출하지 않는 에너지원으로, 태양광, 풍력, 수력 등이 포함되는 에너지는?

→ 재생에너지

9. 탄소중립 목표 달성을 위해 국가들이 자발적으로 설정하는 온실가스 감축 목표를 무엇이라고 하나요?

→ NDC(Nationally Determined Contribution, 국가결정기여)

10. 전 세계적인 기후변화 대응을 위해 매년 개최되는 당사국 총회의 공식 명칭은?

→ COP(Conference of the Parties, 당사국총회)

11. 온실가스 배출을 줄이기 위해 기존 건물을 에너지 효율적으로 개선하는 것을 무엇이라고 하나요?

→ 그린 리모델링

12. 온실가스를 줄이기 위해 기존 내연기관 자동차 대신 전기를 사용하는 차량을 무엇이라고 하나요?

→ 전기차

13. 연료를 태우지 않고 수소와 산소의 화학 반응을 이용해 전력을 생산하는 기술은?

→ 수소연료전지

14. 지구 평균기온이 갑자기 급격하게 상승하는 임계점을 의미하는 용어는?

→ 티핑 포인트

15. 개인, 제품, 기업 또는 국가가 직·간접적으로 발생시키는 온실가스의 총량을 나타내는 개념은 무엇인가요?

→ 탄소발자국

16. 기업이 실제로 친환경적인 활동을 하지 않으면서 '탄소중립', '친환경' 등의 단어를 사용하여 소비자를 속이는 행위를 무엇이라고 하나요?

→ 그린워싱

17. 제품의 생산, 사용, 폐기까지 전 과정에서 환경에 미치는 영향을 평가하는 기법을 무엇이라고 하나요?

→ 전 과정평가 (LCA, Life Cycle Assessment)

18. 환경 보호와 지속가능한 소비를 촉진하기 위해 온라인과 SNS에서 영향력을 발휘하는 사람들을 무엇이라고 하나요?

→ 그린 인플루언서

19. 환경을 보호하면서 경제 성장과 사회적 균형을 함께 이루는 발전 방식을 무엇이라고 하나요?

→ 지속가능한 발전

20. 기후변화로 인해 특정 지역에서 예상보다 많은 강수량이 발생하거나 극심한 가뭄이 나타나는 현상을 무엇이라고 하나요?

→ 이상기후

참고문헌

|1장| 환경은 무엇이고, 진짜 우리는 위기일까? ··· 체감하기

1. World Commission on Environment and Development (WCED). (1987). Our Common Future.
2. 국립기상과학원. (2021.04.30.). 한반도 109년 기후변화 분석보고서.
3. CNN. (2024.03.01.). Mudanças climáticas já afetam turismo no Brasil, diz pesquisa.
4. 동아사이언스. (2023.07.11.). 작년 여름 폭염으로 유럽에서 6만1000명 이상 사망.
5. 한국경제. (2022.07.20.). 여름에 서늘하다는 영국도 '40도'.
6. NASA. (2023.08.18.). Earth Observatory. Wildfires Approach Yellowknife.
7. 경향신문. (2023.08.18.). 캐나다 역대급 산불로 도시 전체에 대피령···주민 2만명 '필사적 대탈출'.
8. 연합뉴스. (2023.08.21.). 캐나다 서부도 산불 대란···병력 투입해 총력전.
9. 경향신문. (2021.03.11.). 온실가스 안 줄이면···2100년까지 구슬다슬기 등 국내 336종 멸종.
10. 조선일보. (2022.08.10). 이틀간 폭우로 車 7600대 침수···.
11. 경향신문. (2022.08.09). 서울·경기 7명 사망·6명 실종···이재민 163명.
12. KBS뉴스. (2022.08.08.). 서울 강남 일대 시간당 100mm 폭우···도로 곳곳 침수.
13. IPCC. (2013.09.). 제5차 평가보고서의 제1실무그룹(WG1) 보고서
14. 연합뉴스. (2023.12.05). WMO "2011~2020년 지구가 가장 더웠던 10년···온난화 극적 가속".
15. KBS뉴스. (2023.10.16.). 국정감사에서 언급된 '백두산 폭발', 가능성 있을까?.
16. 산림청. (2019). 2019년 나무심기 추진계획.

|2장| 지구온난화? 이젠 지구열대화 ··· 원인과 해결책 찾기

1. 중앙일보. (2023.07.28). "온난화 끝···지구는 이제 끓고 있다" 유엔 사무총장의 경고.
2. 한겨레. (2024.11.11). "올해 '역사상 가장 더운 해' 또 경신···지구 온도 1.54도 상승.
3. Global Change Newsletter. (2000). The "Anthropocene."
4. UN News. (2012.06.22). Rio+20: Ban urges world leaders to build on sustainable development commitments.
5. Youtube. (2012.07.06). UN's largest summit, Rio+20, kicks off with film co-produced by IGBP.
6. Britannica. (2024.06.16). The last great cooling.

7. IPCC. (2007). 제4차 평가보고서의 제1실무그룹(WG1) 보고서.
8. NASA. (2020.07.10.) Graphic: Temperature vs Solar Activity.
9. 환경부. (2025.01.02). 2022년도 온실가스 배출량 7억 2,429만톤, 전년 대비 2.3% 감소.

| 3장 | 미래를 위한 모두의 약속, 탄소중립 … 실행하기

1. UCAR. (n.d.). History of Climate Science Research.
2. 에너지경제연구원. (2022.12.31.). 탄소국경조정 대응을 위한 기후·통상 제도 개선 가능성 연구.
3. 외교부. (n.d.). 기후변화에 관한 정부간 협의체(IPCC) 개요.
4. IPCC. (2018). Global Warming of 1.5℃.
5. 극지해소식. (2020.09.30). 월간 극지해소식 91호.
6. Global Compact Network Korea. (n.d.). 제28차 유엔기후변화협약 당사국총회 (COP28) 주요 내용 및 시사점.
7. KTV국민방송. (2020.12.10). 대한민국 탄소중립 선언 '더 늦기 전에 2050'.
8. 조경뉴스. (2022.06.29). 코로나19 회복세에 온실가스 배출량 '반등'.
9. e-나라지표. (n.d.). 에너지원별 발전현황.
10. World Nuclear Association. (2011). Comparison of Lifecycle Greenhouse Gas Emissions of Various Electricity Generation Sources.
11. 대한민국 정책브리핑. (2021.12.23). 그린리모델링.
12. 동아일보. (2023.12.28). 1~11월 해외여행 2030만명…방한관광객은 999.5만명.
13. 동아일보. (2022.03.10). 미래 비행기의 주요 동력원은 무엇일까?.
14. 농림축산식품부. (2021.12.27). 2050 농식품 탄소중립 추진전략.
15. 해양수산부. (2021.12). 해양수산분야 2050 탄소중립 로드맵.
16. 환경부. (2024). 2023년 전국 폐기물 발생 및 처리 현황.
17. 기후변화정책연구소. (2021.10). 기후위기 대응과 지속가능한 사회를 위한 산림부문 제도 개선방안.
18. 해양수산부. (2021.07.06.). 우리나라 갯벌, 연간 승용차 11만 대가 배출하는 온실가스 흡수(보도자료).
19. 국립산림과학원. (2019). 주요 산림수종의 표준 탄소흡수량.

| 4장 | 요즘 뜨는 환경 키워드

1. KOTRA해외시장뉴스. (2021.02.10.). 일론 머스크도 찾는 탄소포집(CCUS)기술이란?.
2. XPRIZE Foundation. (n.d.). XPRIZE Carbon Removal.
3. KBS뉴스. (2018.09.29). 5분 충전으로 600km…기지개 켜는 韓 수소차.
4. 비즈워치. (2021.05.30). 수소전기차, 전기차보다 1.5배 비싼 이유.
5. 딜로이트. (2022). 기후기술과 수소경제의 미래.
6. 지표누리. (n.d.). 1인당 온실가스 배출량.